# 家事的科學

日本清潔專家教的輕鬆持家術，
從生活空間到身體肌膚的打掃、選物法則

一之介——著

# 前言

非常感謝大家購買本書，我是作者一之介。

閱讀本書的讀者，說不定是第一次讀我書的朋友。如果之前就知道我這個人，或許會覺得這本書跟之前的書很不一樣。從很久以前開始，我就經營「一之介的化妝品評論與美容化學的碎碎念」部落格；不過一如部落格的名字，主要都是與「化妝品」、「美容」有關的內容，雖然曾有機會出過幾本書，卻也都跟化妝品與美容有關而已。

這次從這些內容中脫穎而出的主題是：「洗碗精」、「除臭劑」、「洗衣精」這類「家用清潔劑與日用品」。對每天操持家事的主婦而言，這些用品或許比化妝品還貼近生活。

我過去曾經研究「界面活性劑」的化學成分，念研究所的時候，也是進入主攻「清潔劑」、「清潔科學」的研究室裡鑽研。換言之，我真正的專業不是化妝品，而是這些清潔劑，加上現在也常有機會在部落格介紹化妝品之外的日用化學產品，所以本書可說是一本集大成的書。

大家其實從平常就會接觸到各式各樣的化學產品；電視會播放化學產品的廣告，超市、便利商店、藥局也都堆滿了琳琅滿目的推薦商品，「化妝品」、「藥品」當然也是這類化學產品之一。要說，全日本沒有人沒用過這些化學產品也不為過。

在各位讀者之中，有沒有人認真想過這些日常用品摻雜了哪些化學成分呢？

大部分的人都是每天使用，而且用得一點都不懷疑，對吧！不過，如果對這些化學成分的性質與特性沒有正確的了解，恐怕會對健康造成明顯的傷害，也不時會出現皮膚乾燥或是其他生活上的問題。有些業者則反過來，他們恐嚇說這些化學產品的成分很危險、毒性很強，藉機將品質不太好的昂貴商品賣給消費者，以便牟取暴利。

在閱讀本書之前，我想先告訴大家一件事，這些日常隨處可見的化學產品，雖然都經過大企業嚴格品管才能夠安全使用，也幾乎沒有健康上的疑慮，但膚質比較敏感或是過敏體質的人，就得對某些化學產品格外小心，若未「正確使用」，就無法保障安全。一切的重點在於，了解這些產品的成分以及這些成分會在何種機制下發揮效果後，再正確使用與挑選適合自己的產品。只要能做到這點，不管是平價還是昂貴的產品，都能用得安心又有效果。

雖然有許多人仍抱持著「越貴，東西越好」的想法，但事實真的不是如此，因為便宜又優質的商品其實很多，反而有些昂貴的商品卻品質不佳。幫助大家擺脫價格的迷惑，帶著大家從成分的特性選出優質產品，正是本書的目標。

接著簡單地說明本書的閱讀方式。本書網羅了許多一般消費者對化學產品常有的疑惑，也準備了相關的解答，各章的前半段會說明成分和日常化學產品，讓大家了解平常都在用的這些產品，究竟有哪些聽了會嚇一跳的化學特性。

各章的後半段則根據前半段的解說，從我的角度介紹一些個人精選的最佳產品。我試著以藥妝店就能輕鬆買到的產品為主軸，挑出一些符合內文解說的商品，包含我自己實際使用的商品。由於這些都是正確使用就能讓生活變得更方便的產品，若您剛好不知道該買哪些產品，不妨試著試試看我的推薦。

雖然想說的話還有很多，但是就留待內文介紹吧！

一之介平常愛用的產品會以這個圖示標記

一之介根據本書的概念挑選的產品會以這個圖示標記

CONTENTS

## PART 2 洗滌的科學
### 「辨識真正具有清潔效果的洗衣精」



商品 PICK UP

PART 3
# 清潔的科學
## 「簡單安全的清潔劑與產品」

## PART 4
# 保養的科學
## 「頭髮養護＆身體護理的產品」

## 化學成分英中對照表

| 英文 | 中文 |
|---|---|
| 1,2-Hexanediol | 1,2- 己二醇 |
| 1,8-Cineole | 1,8- 桉樹腦 |
| 2-Propanol | 異丙醇 |
| 3-Octanone | 3- 辛酮 |
| Acrylic Acid Aolymer | 丙烯酸聚合物 |
| Alanine | 丙氨酸 |
| Alkanolamine | 醇胺 |
| Alkylamine Salts | 烷基胺鹽 |
| Alkyl Imidazoline Cation | 陽離子烷基咪唑啉 |
| Alkyl glyceryl ether | 烷基甘油基醚 |
| Alkyl Acrylate | 烷基丙烯酸聚合物 |
| Alkyl Amine Oxide | 烷基氧化胺 |
| Alkyl betaine | 烷基甜菜鹼 |
| Alkyl Ester Ammonium Salts | 醇酯類烷基銨鹽 |
| Alkyl Ether Sulphate | 烷基乙醚硫酸酯鈉 |
| Alkyl Glycosides | 烷基聚葡萄糖苷 |
| Allantoin | 尿囊素 |
| Alpha Olefin Sulfonate | α- 烯基磺酸鈉 |
| Alpha -sulfonated fatty Acid methyl ester | α- 磺基脂肪酸甲酯鈉鹽 |
| Alum | 明礬 |
| Aluminium Hydroxide | 氫氧化鋁 |
| Aluminium Oxide | 氧化鋁 |
| Amid Alkylamine salt | 胺類烷基胺鹽 |
| Amidopropyl Betaine | 脂肪酸醯胺甜菜鹼 |
| Aminopropyl Dimethicone | 氨丙基聚二甲矽氧烷 |
| Ammonium Laureth Sulfate | 月桂醇聚醚硫酸銨 |
| Amodimethicone | 氨基封端二甲基聚矽氧烷 |
| Amylase | 澱粉酵素 |
| Argania spinosa Kernel Oil | 摩洛哥堅果油 |
| Arginine | 精氨酸 |
| Aspartic Acid | 天門冬氨酸 |
| Behenamidopropyl Dimethylamine | 山嵛醯胺丙基二甲胺 |
| Behenic Acid | 山嵛酸 |
| Behentrimonium Chloride | 山嵛基三甲基氯化銨 |
| Behentrimonium Methosulfate | 山嵛基三甲基硫酸甲酯銨 |
| Benzalkonium chloride | 苯紮氯銨 |
| Betula Alba Juice | 白樺樹汁 |
| Bis-isobutyl PEG-14/ amodimethicone Copolymer | 雙 - 異丁基 PEG-14/ 氨端聚二甲基矽氧烷共聚物 |
| Butanediol | 丁二醇 |
| Butyl Carbitol | 二乙二醇丁醚 |
| C10-40 Isoalkylamidopropylethyl dimonium Ethosulfate | C10-40 異烷醯胺丙基乙基二甲基銨乙基硫酸鹽 |
| C12-14 Pareth-7 | C12-14 鏈烷醇聚醚 -7 |
| Calcium Carbonate | 重質碳酸鈣 |
| Calcium Hypochlorite | 次氯酸鈣 |
| Calcium Monohydrogen Phosphate | 磷酸氫鈣 |
| Camellia Japonica Seed Oil | 山茶籽油 |
| Camphor | 樟腦 |
| Caprooyl Phytosphingosine | 己醯基植物鞘氨醇 |
| Caprooyl Sphingosine | 己醯基神經鞘氨醇 |
| Caustic Soda | 燒鹼、氫氧化鈉 |
| Ceramide | 神經醯胺 |
| Ceramide 2 | 神經醯胺 2 |
| Cetearamidoethyl Diethonium Hydrolyzed Rice Protein | 水解化學物質 |
| Cetearamidoethyldiethonium Succinoyl Hydrolyzed Pea Protein | 水解化學物質 |
| Ceteareth-25 | 鯨蠟硬脂醇聚醚 -25 |
| Ceteareth-60 Myristyl Glycol | 鯨蠟硬脂醇聚醚 -60 肉豆蔻基二醇 |
| Cetearyl Alcohol | 棕櫚醇 |
| Ceteth-25 | 鯨蠟醇聚醚 -25 |
| Cetrimonium Bromide | 西曲溴銨 |
| Cetrimonium Chloride | 西曲氯銨 |
| Cetyl Alcohol | 鯨蠟醇 |
| Cetylpyridinium Chloride | 氯化十六烷基吡啶 |
| Cetylpyridinium Chloride Hydrate | 氯化十六烷基吡啶 |
| Chamomilla Recutita (Matricaria) Flower Extract | 德國洋甘菊花萃取 |
| Chelate | 螯合劑 |
| Chemical Peeling | 果酸換膚 |
| Cholesterol | 膽固醇 |
| Citric Acid | 檸檬酸 |
| Citrus Nobilis (Mandarin Orange) Peel Extract | 廣西沙柑果皮萃取 |
| Cocamide DEA | 椰油醯胺 DEA |
| Cocamide Methyl MEA | 椰油醯胺甲基 MEA |
| Cocamidopropyl Betaine | 烷基醯胺甜菜鹼 |
| Cocamidopropyl Dimethylamine | 椰油醯胺丙基二甲胺 |
| Cyclopentasiloxane | 環戊矽氧烷 |
| Dextranase | 葡聚醣 |
| Dextrin | 糊精 |
| Diethyl Sebacate | 癸二酸二乙酯 |
| Diethylamino Hydroxybenzoyl Hexyl Benzoate / DHHB | 二乙氨基羥苯甲醯基苯甲酸己酯 |
| Diethylenetriaminepentaacetic Acid Pentasodium Salt | 二乙烯三胺五乙酸五钠 |
| Dimethicone | 矽靈 |
| Dimethiconol | 聚二甲基矽氧烷醇 |
| Dioctyl Sodium Sulfosuccinate | 磺基琥珀酸二乙基己酯鈉 |
| Dipotassium Glycyrrhizate | 二鉀甘草 |
| Dipropylene Glycol | 二丙二醇 |
| Disodium C12-14 Pareth-2 Sulfosuccinate | 磺基琥珀酸酯二鈉 |
| Disodium Cocoyl Glutamate | 椰油醯谷氨酸二鈉 |
| Disodium Laureth Sulfosuccinate | 月桂醇聚氧乙烯醚琥珀酸單酯磺酸鈉 |
| DL-alpha-Tocopherol Acetate | 維生素 E 醋酸酯 |
| Enamel | 琺瑯質 |
| Epsilon-Aminocaproic Acid | 原白氨酸 |
| Ethanol | 乙醇 |
| Ethanolamine | 乙醇胺 |

| | |
|---|---|
| Linear AlkylbenzeneSulfonate | 直鏈烷基磺酸鹽 |
| Lipase | 脂肪分解酵素 |
| Macadamia Ternifolia Seed Oil | 澳洲堅果籽油 |
| Macrogols | 聚乙二醇 400 |
| Magnesium Chloride Propylene Glycol | 氯化鎂丙二醇 |
| Malpighia Punicifolia (Acerola) Fruit Extract | 紅葉金虎尾果萃取 |
| Maltase | 麥芽糖酵素 |
| Meadowfoam Delta-lactone | 白芒花籽酸內酯 |
| Menthol | 薄荷醇 |
| Methylchloroisothiazolinone | 甲基氯異塞唑啉酮 |
| Methylisothiazolinone | 甲基異塞唑啉酮 |
| Methylparaben | 苯甲酸甲脂 |
| Miconazole | 咪康唑硝酸鹽 |
| Milk Ceramide | 牛奶神經醯胺 |
| Monosodium Glutamate | 穀氨酸一鈉 |
| Ocimene | 羅勒烯 |
| Octyldodecanol | 辛基十二烷醇 |
| Octyldodecyl Lauroyl Glutamate | 辛基十二醇月桂醯谷氨酸酯 |
| Oubaku Ekisu | 黃蘗樹皮提取物 |
| Oxydol | 雙氧水 |
| Papain | 木瓜蛋白酶 |
| Paraben | 對羥基苯甲酸 |
| Paraffin | 石蠟 |
| PCA Ethyl Cocoyl Arginate | PCA 椰子醯精氨酸乙酯鹽 |
| PEG-160 Sorbitan Triisostearate | PEG-160 失水山梨醇三異硬脂酸酯 |
| PEG-40 Hydrogenated Castor Oil | PEG-40 氫化篦麻油 |
| PEG-80 Sorbitan Laurate | PEG-80 失水山梨醇月桂酸酯 |
| Pentylene Glycol | 戊二醇 |
| Pepsin | 消化酵素 |
| Peptidase | 勝肽分解酵素 |
| Petasites Japonicus Leaf / Stem Extract | 蜂鬥菜葉 / 莖萃取 |
| Phenoxyethanol | 苯氧乙醇 |
| Phenyl Trimethicone | 苯基三甲基聚矽氧烷 |
| Phenylalanine | 苯丙氨酸 |
| Phytoncide | 芬多精 |
| Phytosteryl | 植物固醇 |
| Phytosteryl Macadamiate | 植物固醇澳洲堅果油酸酯 |
| Piroctone Olamine | 吡羅克酮乙醇胺鹽 |
| Polyaminopropyl Biguanide | 聚氨丙基雙胍 |
| Polyester | 聚酯纖維 |
| Polyethylene Glycol | 聚乙二醇 |
| Polyethylene Glycol Sulfate Sodium | 聚乙二醇硫酸鈉 |
| Polyoxyalkylene Alkyl Amine | 聚氧烷烴烷基胺 |
| Polyoxyethylene Alkyl Amine | 聚氧乙烯烷基胺 |
| Polyoxyathylene Alkyl Ether | 聚氧烷烴烷基醚 |
| Polyoxyethylene Alkyl Ether | 聚氧乙烯烷基醚 |
| Polypropylene | 聚丙烯 |
| Polyquaternium-10 | 聚季銨鹽 -10 |
| Polyquaternium-7 | 聚季銨鹽 -7 |
| Polysorbate | 聚山梨醇酯 |

| | |
|---|---|
| Ethyl alcohol | 乙醇 |
| Ethylene glycol | 乙二醇 |
| Ethylenediaminetetraacetic Acid | 乙二胺四乙酸 |
| Ethylparaben | 乙酯 |
| Etidronic Acid | 依替膦酸 |
| Gamma-Docosalactone | γ- 芥酸內酯 |
| Gelling agent | 膠凝劑 |
| Gluconic Acid | 葡萄糖酸 |
| Glucosyl Ceramide | 葡糖基神經醯胺 |
| Glycerine | 甘油 |
| Glyceryl Stearate | 甘油硬脂酸 |
| Glycerylamidoethyl Methacrylate | 甘油醯胺乙醇甲基丙烯酸酯 |
| Glycine | 甘氨酸 |
| Glycolic Acid | 甘醇酸 |
| Glycosyl Trehalose | 醣基海藻糖 |
| Glycyrrhetinic Acid | 甘草次酸 |
| Guar Hydroxypropyltrimonium Chloride | 瓜兒膠羥丙基三甲基氯化銨 |
| Hematin | 黑馬劑、血紅蛋白 |
| Hexadecyltrimethylammonium Chloride | 十六烷基三甲基氯化銨 |
| Hexylene Glycol | 己二醇 |
| Histidine | 組氨酸 |
| Hydrogen Peroxide | 過氧化氫 |
| Hydrogen Sulfide | 硫化氫 |
| Hydrogenated Castor Oil | 氫化蓖麻油 |
| Hydrogenated Coco-Glycerides | 氫化椰油甘油混合酯 |
| Hydrogenated Starch Hydrolysate | 氫化澱粉水解物 |
| Hydrolyzed Silk | 水解蠶絲蛋白 |
| Hydroxyapatite | 羥磷石灰 |
| Hydroxyethylcellulose | 羥乙基纖維素 |
| Hydroxypropyl Arginine Lauryl/ Myristyl Ether HCl | 羥丙基精氨酸月桂基 / 肉豆蔻基醚 HCl |
| Hydroxypropyltrimonium Hyaluronate | 羥丙基三甲基氯化銨透明質酸 |
| Hydroxypropyltrimonium Hydrolyzed Collagen | 水解膠原羥丙基三甲基氯化銨 |
| Invertase | 轉化酵素 |
| Iodopropynyl Butylcarbamate | 碘代丙炔基氨基甲酸丁 |
| Isethionic Acid | 羥乙基磺酸 |
| Isoleucine | 異亮氨酸 |
| Isopropyl Methylphenol | 異丙基甲基酚 |
| Isostearamidopropyl Ethyldimonium Ethosulfate | 異硬脂醯胺丙基乙基二甲基銨乙基硫酸鹽 |
| Isovaleric Acid | 異戊酸 |
| Lauramidopropyl Betaine | 月桂醯胺丙基甜菜鹼 |
| Laureth-4 carboxylic Acid | 月桂醇聚醚 -4 羧酸 |
| Lauric Acid Sodium Salt | 月桂酸鈉 |
| Laurylsulfate Ammonium | 月桂醇硫酸酯鈉 |
| Lavandulol | 薰衣草醇 |
| Lavandulyl Acetate | 乙酸薰衣草酯 |
| Lecithin | 卵磷脂 |
| Limonene | 檸烯 |
| Linalool | 沉香醇 |
| Linalyl Acetate | 沉香酯 |

| | |
|---|---|
| Sodium Methyl Lauroyl Taurate | 甲基月桂醯基牛磺酸鈉 |
| Sodium Monofluorophosphate | 單氟磷酸鈉 |
| Sodium Myristate | 肉荳蔻酸 |
| Sodium Oleate | 油酸鈉 |
| Sodium Palmitate | 棕櫚油酸鈉 |
| Sodium Polyoxyethylene Alkyl Ether | 聚氧乙烯烷基醚硫酸鹽 |
| Sodium Polyoxyethylene Dodecyl Ether Sulfonate | 聚氧乙烯十二烷基醚硫酸鹽 |
| Sodium Polyphosphate | 磷酸鈉 |
| Sodium Sesquicarbonate | 碳酸氫二鈉 |
| Sodium Stearate | 硬脂酸鈉 |
| Sodium Xylenesulfonate | 二甲苯磺酸鈉 |
| Sorbitol | 山梨醣醇 |
| Squalane | 角鯊烷 |
| Stearamidopropyl Dimethylamine | 硬脂醯胺丙基二甲基胺 |
| Stearoxypropyl Dimethylamine | 硬脂氧丙基二甲胺 |
| Steartrimonium Chloride | 硬脂基三甲基氯化銨 |
| Steartrimonium Methosulfate | 硬脂基三甲基銨甲基硫酸鹽 |
| Stearyl Alcohol | 硬脂醇 |
| Stearyl Methacrylate | 硬脂醇甲基丙烯酸酯 |
| Sucrase | 蔗糖酵素 |
| Sulfonic Acid | 烷基苯磺酸 |
| Sulfosuccinate | 磺基琥珀酸 |
| Sulfur | 硫黃 |
| Surfactant / surface active agent | 界面活性劑 |
| Tambourissa Trichophylla Leaf Extract | 毛葉杯軸花葉萃取 |
| Taurine | 牛磺酸 |
| TEA-Cocoyl Glutamate | 椰油醯基谷氨酸 TEA 鹽 |
| TEA-Laureth Sulfate | 月桂醇聚醚硫酸酯 TEA 鹽 |
| TEA-Lauroyl Methylaminopropionate | 月桂醯基甲氨基丙酸 TEA 鹽 |
| TEA-Lauryl Sulfate | 月桂基硫酸三乙醇胺 |
| Terpinene | 萜品烯 4 醇 |
| Terpineol | 松油醇 |
| Thiourea Dioxide | 二氧化硫尿 |
| Threonine | 蘇氨酸 |
| Tin fluoride | 氟化錫 |
| Tocopherol Acetate | 醋酸鹽維他命 E |
| Toluenesulfonic Acid Sodium Salt | 對甲苯磺酸鈉 |
| Tranexamic Acid | 傳明酸 |
| Triclocarban | 三氯卡班 |
| Triclosan | 三氯沙 |
| Trypsin | 胰蛋白酶 |
| Valine | 纈氨酸 |
| Vaseline | 凡士林 |
| Zein | 玉米醇溶蛋白 |
| Zinc Pyrithione | 吡硫鎓鋅、活膚鋅 |
| α-Glucan | α- 葡聚糖 |
| α-Hydroxy Acid | 果酸（甲型氫氧基酸） |
| β-Hydroxy Acid | 水楊酸（乙型氫氧基酸） |

| | |
|---|---|
| Potassium Cocoyl Glycinate | 椰油醯甘氨酸鉀 |
| Potassium Myristate | 肉荳蔻酸鉀 |
| Potassium Oleate | 油酸鉀 |
| Potassium Palmitate | 棕櫚油酸鉀 |
| Potassium Stearate | 硬脂酸鉀 |
| Potassium laurate | 月桂酸鉀 |
| PPG-3 Caprylyl Ether | PPG-3 辛基醚 |
| Proline | 脯氨酸 |
| Propanediol | 1,3- 丙二醇 |
| Propylene Glycol | 丙二醇 |
| Protease | 蛋白酶、蛋白質分解酵素 |
| Pyrophosphoric Acid | 焦磷酸二鈉 |
| Quasi drug | 含藥化妝品 |
| Rice Bran Ferment | 米糠發酵產物 |
| Rosmarinus Officinalis (Rosemary) Leaf Water | 迷迭香葉水 |
| Saccharomyces | 酵母菌 |
| Saccharum Officinarum (Sugarcane) Extract | 甘蔗萃取物 |
| Salicylic Acid | 水楊酸 |
| Salvia Hispanica Seed Oil | 西班牙鼠尾草籽油 |
| Sapindus Trifoliatus Fruit Extract | 三葉無患子果萃取 |
| Saponaria Officinalis Leaf Extract | 肥皂草葉萃取 |
| Serine | 絲氨酸 |
| Silicon Dioxide | 無水矽酸、二氧化矽 |
| Simmondsia Chinensis (Jojoba) Seed Oil | 荷荷籽油 |
| Sodium (C14-16) Olefin Sulfonate | 烯烴磺酸鈉 |
| Sodium Alkanoyloxy Benzene Sulfonate | 癸醯氧基苯磺酸鈉 |
| Sodium Alkyl Hydroxy Sulfonate | 烷羥磺酸鈉 |
| Sodium Alkyl Hydroxy Sulfobetaine | 烷羥甜菜鹼 |
| Sodium Alkyl Sulfate | 烷基硫酸鹽 |
| Sodium Carbonate Peroxyhydrate | 過碳酸鈉 |
| Sodium Cocoamphoacetate | 椰油醯兩性基乙酸鈉 |
| Sodium Coco-Sulfate | 椰油基硫酸鈉 |
| Sodium Cocoyl Isethionate | 椰油基羥乙基磺酸鈉 |
| Sodium Dilauramidoglutamide Lysine | 二（月桂醯胺穀氨醯胺）賴氨酸鈉 |
| Sodium Dodecyl Sulfate | 十二烷基硫酸鈉 |
| Sodium Dodecylbenzenesulfonate | 十二烷基苯磺酸鈉 |
| Sodium Hyaluronate | 玻尿酸鈉 |
| Sodium Hydroxide | 氫氧化鈉 |
| Sodium Hypochlorite | 次氯酸鈉 |
| Sodium Laureth Sulfate | 月桂醇聚醚硫酸酯鈉 |
| Sodium Laureth-5 Carboxylate | 月桂醇聚醚 -5 羧酸鈉 |
| Sodium Lauroyl Aspartate | 月桂醯天冬氨酸鈉 |
| Sodium Lauroyl Glutamate | 月桂醯谷氨酸鈉 |
| Sodium Lauroyl Methylaminopropionate | 月桂醯基甲基氨基丙酸鈉 |
| Sodium Lauroyl Sarcosinate | 月桂醯肌氨酸鈉 |
| Sodium Lauryl Sulfate | 月桂醇硫酸酯鈉 |
| Sodium Methyl Cocoyl Taurate | 椰油醯基甲基牛磺酸鈉 |

PART.1

# 潛伏在身邊的科學

## 「安心又安全的產品」

日常化學的為什麼

Q1

# 為什麼洗碗精會讓手變得如此乾澀？

什麼！手怎麼如此乾澀？難不成是家事放著不管也可以的神喻？

A1

- 太常洗碗、洗手，會讓手部肌膚的保護成分流失
- 太常殺菌或消毒，會連同附著在手部肌膚表面的皮膚常在菌一併殺死

正解 秒懂！

因為太常清潔或殺菌，都會導致肌膚防護力下滑

Study

## 「界面活性劑＝毒藥」是錯誤的概念，但是，的確是造成手部乾澀的原因

一如手部乾澀被形容成「主婦的富貴手」，手部乾澀的確好發於常常洗手的主婦，尤其「洗碗」會長時間接觸洗碗精，所以也是造成手部乾澀的元凶。

洗碗精含有清潔成分之一的「界面活性劑」，而且濃度非常高，所以有些人一聽到界面活性劑，就會聯想到這是一種有毒物質。其實洗碗精的界面活性劑是以非常安全的成分製造，就算不小心殘留在盤子上，也不會造成問題。唯獨要注意的是，為了徹底洗掉平底鍋上的油汙，所以界面活性劑都具有很強的「清潔力」，在洗碗的時候，往往會連同皮膚表面的天然保溼成分（NMF）*和皮脂膜都一併洗掉，導致皮膚的防護力下滑，引起手部乾澀的症狀。有些「陰離子界面活性劑」（參考第19頁）的洗碗精會對皮膚造成刺激，所以當肌膚的防護力不足，手部就會更加乾澀。就算只是尋常的洗手，太頻繁一樣會造成乾澀。

*蘊含於肌膚角質細胞之內的保溼成分，可避免角質的水分流失。

Study

# 過度「殺菌」，會造成手部肌膚的刺激！

最近具有殺菌效果的洗手皂越來越受歡迎，不時在手上塗抹殺菌、消毒凝膠的人也越來越多，但是過度的殺菌與消毒，會讓守護手部肌膚的「皮膚常在菌」變弱，有時甚至會導致手部乾澀的情況惡化。我們很常在電視看到「掌心居然有這麼多細菌」這類語帶恐嚇的廣告，但其實人體內外存有一百兆個以上的微生物；換言之，人類其實是與細菌共存的，而且這些細菌之中，也有對人類很有益處的細菌，例如「皮膚常在菌」就是最具代表性的一種。皮膚常在菌會將皮脂這類分泌物分解成甘油這類增強肌膚防護力與溼潤度的成分，幫助我們維持皮膚的健康，而且當皮膚常在菌正常活動，外來的雜菌就不易繁殖。

換言之，細菌除了壞菌，還有好菌，過度殺菌與消毒只會造成手部肌膚的負擔，殺菌劑也可能直接造成肌膚的刺激。

## 肌膚屏障與手部乾澀之間的機制

手部的肌膚是由表面的屏障功能所保護。

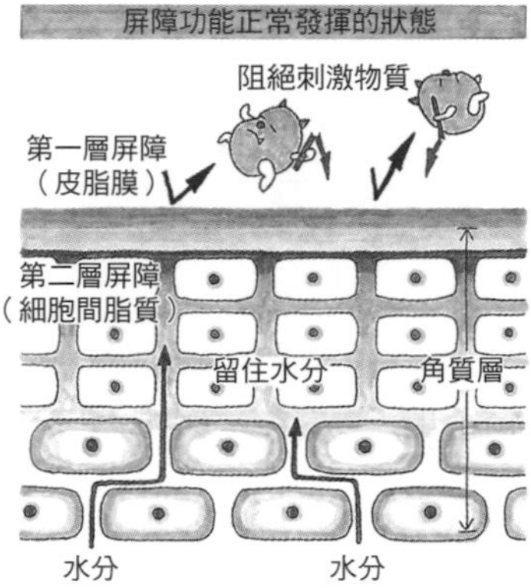


### 健康的手部肌膚狀態

一旦皮膚原有的保溼成分（NMF）、皮脂膜與神經醯胺讓皮膚表面的屏障功能正常發揮時，手部肌膚就能保持健康，皮膚常在菌也能正常活動。

- 過度清潔
- 過度殺菌

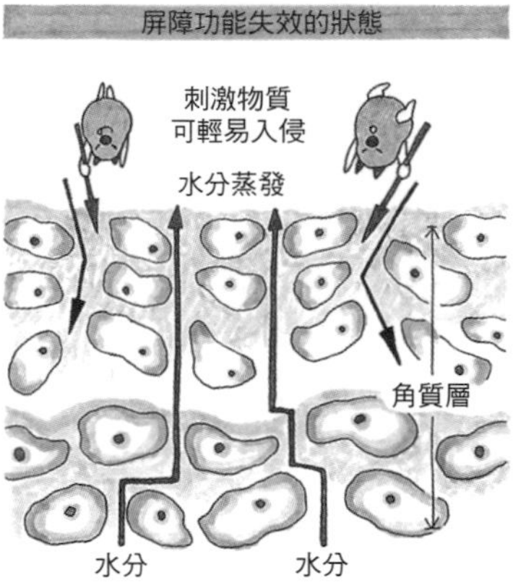


### 手部肌膚乾澀的狀態

這是過度的清潔與殺菌導致屏障成分流失的狀態。此時來自外部的傷害或化學成分造成的刺激會格外明顯，皮膚也很容易發炎。皮膚常在菌的活動力降低後，雜菌也容易繁殖。

---

**POINT**

手部肌膚之所以變得乾澀，主因並非清潔劑的成分太過刺激，而是肌膚的屏障功能因為各種因素減弱所造成。請不要直接接觸清潔效果較強的清潔劑，也不要過於頻繁地殺菌。

日常化學的為什麼

Q2

# 強調「護手效果」的清潔劑真的能保護雙手嗎？

我可不想在洗掉盤子的油汙時，連保護自己的油脂都洗掉……

A2

☑ 即使「溫和」的配方，也可能擁有超強的脫脂力

☑ 不管多溫和，長時間接觸還是會傷手

正解秒懂

就算成分很溫和，還是會傷手

千萬別掉以輕心喲！

Study

## 包裝標示的「溫和成分」，其實只是使用了「非離子界面活性劑」

就結論而言，這世上沒有「不傷手的清潔劑」，不過某些界面活性劑的確比較不刺激肌膚。

界面活性劑共有四種（參考第19、35頁），洗碗精的主要成分為「陰離子界面活性劑」。這種「陰離子界面活性劑」比較容易起泡，也能大面積洗掉各種髒汙，唯一的疑慮就是對手部肌膚的刺激。

反觀包裝標示「溫和」或「護手」的洗碗精則多以「非離子界面活性劑」為主成分。這種成分雖然不易起泡，能去除的髒汙也較為有限，但是對手部肌膚的刺激卻非常低。要注意的是，這種「非離子界面活性劑」能強力去除「油垢」，所以也擁有一定程度的「脫脂力」，因此就算比較不刺激，還是會洗掉油脂這類保護皮膚表面的成分。就結果而言，這種非離子界面活性劑說不上比常見的陰離子界面活性劑來得「不傷手」。

Study

# 成分太過溫和，就洗不乾淨……!?

雖然比較罕見，不過在眾多洗碗精之中也有主成分為「雙性離子界面活性劑」的商品（參考第35頁），只是這種界面活性劑的清潔力非常低，低得非常護手，但也怎麼洗都洗不掉盤子或平底鍋表面的油垢……。明明已經一堆家事要做，卻還得花很多時間洗碗的話，心情肯定很糟，而且成分再怎麼溫和，只要長時間接觸還是會傷手。就結論而言，號稱「護手的清潔劑」還是免不了傷手。

真想保護雙手的話，最推薦的是第48頁介紹的方法，不過清潔劑的刺激性與本身的濃度成正比，所以「先稀釋清潔劑再使用」也不失為選擇之一。洗碗精的界面活性劑通常很濃，濃度通常接近40%左右，但其實濃度介於1%～5%的界面活性劑最能發揮清潔效果，所以稀釋20倍就足以洗淨餐具。事先加水稀釋5倍再使用，不僅能減少錢包的負擔，也能降低對手部肌膚的負擔。

## 界面活性劑的種類①

界面活性劑共有四種，在此介紹陰離子系列與非離子系列的界面活性劑。

### 陰離子界面活性劑

**會對敏弱肌膚造成刺激**

清潔效果明顯、容易起泡的清潔劑、洗碗精通常都以陰離子界面活性劑為主成分，負靜電的性質會對敏弱肌膚造成刺激。較有名的種類為「石鹼」、「直鏈烷基磺酸鹽」、「烷基乙醚硫酸酯鈉」。

### 非離子界面活性劑

**無毒、 無皮膚刺激性**

這種界面活性劑能有效溶化與乳化油脂，常被當成洗衣精或洗碗精的輔助清潔劑使用。在化粧品的世界裡，也常當成塗抹型化粧品的乳化劑使用。基於無毒與零刺激的性質，偶爾會作為食品添加物使用。較有名的種類為「聚氧乙烯烷基醚」、「烷基聚葡萄糖苷」、「甘油硬脂酸」、「聚山梨醇酯」。

---

**POINT**

標示「溫和」、「護手」的洗碗精通常以非離子界面活性劑為主成分，但是洗掉油汙的效果（脫脂力）也很強，所以不可能完全不傷手。

日常化學的為什麼

Q3

# 抗菌、除菌、殺菌哪裡不一樣？

A3

- 除菌是除去細菌，抗菌則是降低細菌的繁殖力
- 除菌，並非完全殺死細菌

正解秒懂！

別對「除菌」抱有過多期待！

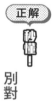

抗菌 殺菌 除菌 Study

# 標榜99%除菌，剩下1%的意思是……？

近年來，許多日用品都會在包裝標示「除菌」、「抗菌」、「殺菌」；除菌的定義是「有效減少細菌」，抗菌則是「抑制或阻止細菌繁殖」，殺菌則是「滅絕細菌這類微生物」。

不過，「殺菌」一詞只在醫藥品或含藥化妝品上獲得承認，洗碗精這類日用品不可在包裝標示，這意味著日用品只能從「除菌」或「抗菌」之中擇一使用。

除菌與抗菌之間，最該知道的差異在於只要能暫時除掉細菌就能在包裝標示「除菌」；換言之，這類型的產品並未利用特殊成分殺死細菌，而且除菌實驗只測量細菌是否減少至百分之一的程度，但光是剩下的百分之一的細菌量，仍足以繼續繁殖。至於「抗菌」則是抑制細菌繁殖，而不是減少細菌的數量。

# 「抗菌劑」或「除菌劑」也可能刺激肌膚

包裝上有除菌標示的洗碗精，有的會在成分表上標明「除菌劑」。應該有許多人想問「除菌劑到底含有什麼成分？」其實就是「苯紮氯銨」這類「陽離子界面活性劑」（第35頁）或是「硫酸鋅」這類讓蛋白質變性的成分。這些成分都能讓蛋白質變質，所以能傷害病毒或細菌這類由蛋白質組成的菌，也因此常被作為殺菌劑或防腐劑使用。

要注意的是，既然能破壞蛋白質，就意味著除了可殺死細菌，另一方面也會對蛋白質組成的肌膚造成負擔。如同前頁所述，「除菌」的定義是「當下沒有細菌就算合格」，所以就算是沒有「除菌劑」這種特殊成分的洗碗精，還是能在洗碗的時候有效除菌；如果不想對手部肌膚造成多餘的刺激，不含除菌劑成分的洗碗精，或許是比較理想的選擇。

## 抗菌、除菌、殺菌的不同

清潔劑的包裝標示很常看到這三個詞，你是否了解這它們的差異呢？

### 抗菌

抑制或阻止細菌繁殖。可抑制細菌繁殖，卻無法減少細菌的數量。

### 殺菌

讓細菌這種微生物滅絕的意思。只有醫藥品或含藥化妝品可使用這種標示，不會在日常用品的包裝上出現。

### 除菌

有效減少細菌這種標的物的數量。無法完全消滅細菌，仍會留下 0.1%～1%的數量，所以細菌還是有機會繁殖。

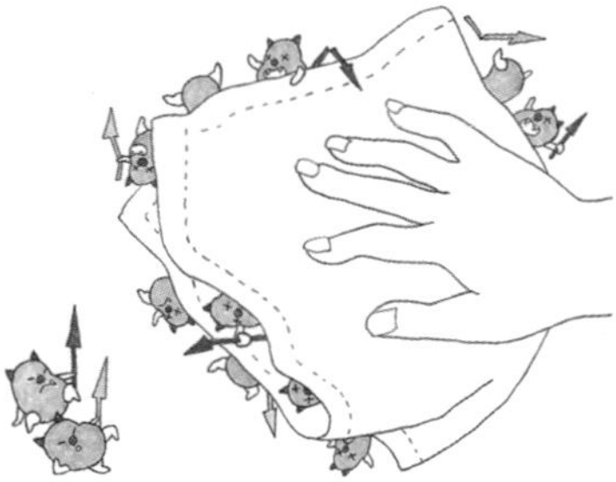

---

**POINT**

就算標示「除菌」也不代表能徹底抹殺細菌，只要抗菌效果消失，細菌就會繼續繁殖。細菌並非全然是壞菌，所以不用對除菌或抗菌的效果太過執著。

日常化學的為什麼

Q4

# 植物精華與 $Ag^{+}$ 真的能抗菌嗎？

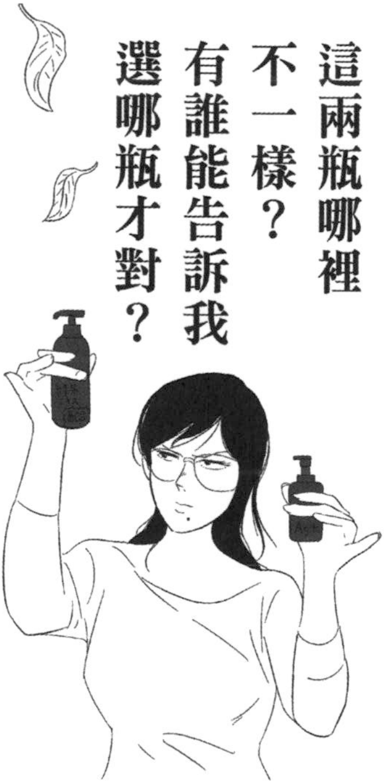


A4

☑「植物精華」不過是種滿足想像的成分

☑「銀離子」的濃度很低，其他的抗菌成分才是主成分

正解 秒懂！

雖然有些成分有效，但絕不可盡信！

Study

# 植物精華通常，沒什麼了不起的效果

「桃葉精華」、「蘆薈精華」、「綠茶精華」、「橄欖精華」這類「植物精華」原本是只見於化妝品標示的成分，但最近的家用清潔劑或其他日用品也很常看到這類成分。乍看之下，這些似乎都是不錯的成分，不過其實都不是什麼重要的成分。就算是昂貴的化妝品，也只有微量的植物精華，所以這種標示純粹只是要讓消費者產生「含有植物成分」的印象，充其量是種滿足「想像」成分，所以千萬別對這種成分抱有過度期待。

不過在眾多植物精華之中，也有「綠茶乾餾精華」這類常用來消臭或是抗菌的含藥化妝品有效成分。這種成分之所以能夠抗菌，主要是因為綠茶成分之一的「單寧」等其他多酚類，都具有抑制雜菌繁殖或除臭的效果，加上也不用擔心會有不小心誤食的問題，所以許多日用品都含有這類成分。希望大家能先行判斷，選出具有效果的植物精華。

Study

# 只有$Ag^+$（銀離子）是難以抗菌的

$Ag^+$或「銀離子」算是很常見的抗菌成分，若問銀為什麼是抗菌成分，答案就藏在「金屬過敏」裡。

金屬過敏指的是，金屬遇到水溶出的金屬離子與皮膚的蛋白質結合所產生的過敏現象。

細菌或其他微生物也是由蛋白質組成，所以也能與離子化的金屬成分結合。這件事發生在人類身上頂多只是過敏，但發生在微生物身上，可就成了一大傷害，這就是銀離子抗菌的原理。

不過，「銀」本身是很難離子化的成分，也很難造成過敏。「銀離子」是利用化學方式勉強將它離子化而成，所以結構非常不穩定，很容易與蛋白質結合。由此可知，銀離子對人類仍有一定的刺激，也免不了過敏的風險，所以在日用品的濃度都不會太高，而且這類產品的生產成本也很高，所以只要仔細確認標榜抗菌效果的銀離子產品的成分，往往會發現，真正的抗菌劑，其實另有其他成分。

## 除菌劑、抗菌劑的主要種類與原理

底下整理了日用品、化妝品常用的除菌劑或抗菌劑的種類與原理。

### 當成除菌劑、抗菌劑來應用的成分

| 成分種類 | 實際應用的成分 | 說明 |
|---|---|---|
| 多酚類 | 綠茶乾餾精華、柿子單寧、兒茶素等 | 多酚具有與蛋白質快速結合的特性（蛋白質變性效果），常當成除菌劑或抗菌劑使用。 |
| 酵素 | 蛋白酶、木瓜蛋白酶等 | 酵素有分解蛋白質的效果，能讓病毒或細菌的蛋白質組織瓦解。 |
| 重金屬化合物 | 銀離子、硫酸鋅、氧化鋅、明礬等 | 利用金屬離子易與蛋白質結合的性質製作抗菌劑或收斂劑。 |
| 陽離子界面活性劑 | 苯紮氯銨、氯化十六烷基吡啶等 | 生物的細胞膜帶有負靜電，所以陽離子界面活性劑的正靜電可破壞細胞膜。 |
| 甲型氫氧基酸<br>乙型氫氧基酸 | 水楊酸、甘醇酸、乳酸、蘋果酸等 | 果酸換膚使用的AHA（甲型氫氧基酸）或BHA（乙型氫氧基酸），都具有破壞蛋白質的性質。 |
| 酒精類 | 乙醇、PG、戊二醇、1,2-己二醇等 | 分子較小的酒精類會快速浸透細胞膜，對細胞造成傷害；不過濃度不高，效果就不彰。 |
| 防腐劑類 | 對羥基苯甲酸、苯氧乙醇、安息香酸鈉等 | 其他合成的防腐劑也很常見。 |

POINT

標記為除菌劑的產品，通常含有蛋白質變性成分，能對病毒或細菌這類由蛋白質組成的微生物造成傷害，這類產品也常被當成殺菌劑或防腐劑使用。

日常化學的為什麼

Q5

# 碳、凝膠……為數眾多的除臭劑到底哪裡不一樣？

A5

- 最大的差異在於除臭方法
- 不同的除臭劑，能消除的臭味也不同

正解 秒懂！

根據臭味的種類與場所，選用不同的除臭劑

## 對體臭、腐敗臭味有效的「離子交換除臭劑」

現在市面上主流的除臭劑主要分成兩大類。

第一種是最常見的「離子交換除臭劑」。人類聞到臭味的時候，代表從鼻腔吸入某種化學成分。特別會覺得「臭」的化學成分通常是阿摩尼亞、硫化氫、酪酸或異戊酸等，這類帶有正靜電或負靜電（離子化）的物質；能緩和這類靜電，達到除臭效果的就是「離子交換除臭劑」。換言之，若是帶正靜電的臭味，就用負靜電緩和的除臭方法，反之亦然。離子交換除臭劑雖然可對付各種臭味，但最擅於對付的還是源自垃圾筒、廚房、鞋櫃、寵物糞便尿液的離子化臭味。

許多產品的包裝都有「離子交換」、「胺基酸類除臭劑」的標註，「雙性離子界面活性劑」也是利用類似的原理除臭。目前市面已有凝膠、液狀或噴霧與其他型態的產品。

Study

## 安全性極高，又能對付氣體或煙霧的「多孔質除臭劑」

第二種是煤炭這類的「多孔質除臭劑」。

「煤炭」有許多肉眼看不見的小孔，整個構造就像是海綿，這種物質又稱為「多孔質」，「多孔質除臭劑」就是利用讓臭味分子吸附在無數小孔內的原理除臭。

多孔質除臭劑的除臭效率雖不及離子交換除臭劑，卻能解決垃圾筒、廚房周遭這類離子化的臭氣，還能吸收芳香族碳氫化合物、氣體、煙霧這類非離子化的化學物質或粒狀的臭味；香水、芳香劑的氣味、精油（aroma）也屬於這類氣體。這種多孔質除臭劑的優點在於安全性極高，比較不怕小孩或寵物不小心誤食，同時也很適合放在車裡或冰箱等必須顧慮安全的位置。

除了煤炭之外，「沸石」或「矽膠」也是很知名的多孔質除臭劑，不過兩者的吸溼性都太強，除臭的效果反而劣於煤炭，所以較少付諸實用。

## 視場所選用！什麼才是有效的除臭劑

除臭劑分成「離子交換除臭劑」與「多孔質除臭劑」，這兩種產品有不同的特性，適合使用的場所與擅於應付的臭味都不同。

### ☆ 離子交換除臭劑

適合對付含有阿摩尼亞、硫化氫的腐敗臭味、糞便臭味、酪酸（皮脂酸化的臭味）、異戊酸（腳臭或汗臭）這類離子類的酸臭味。擁有較強的除臭力。

例：● 離子交換
● 胺基酸類除臭劑或其他類似產品

### ★ 多孔質除臭劑

除臭效果雖然較差，卻比較安全，而且能應付各種臭氣，例如離子交換除臭劑無法解決的氣體、酯或香料，都是多孔質除臭劑能解決的氣味。

例：● 煤炭或其他類似物質

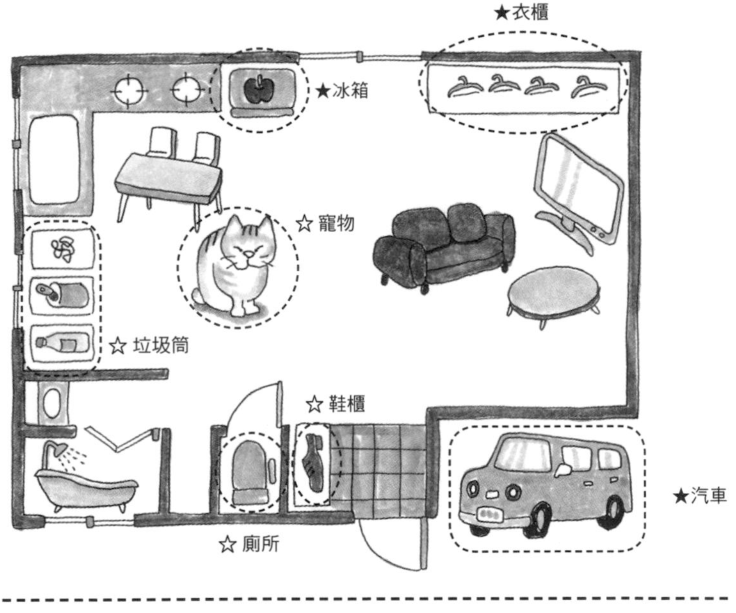


---

POINT

了解臭味產生的原因與除臭劑的原理，就知道該選購哪種除臭劑。除了除臭之外，也要記得保持通風喲！

日常化學的為什麼

Q6

# 光是用噴的，就能洗乾淨？衣物除臭噴霧劑該怎麼挑選才好？

A6

- ☑ 重視安全的話，要選購「雙性離子類」產品；重視效果，則選用「陽離子類」產品
- ☑ 有些除臭噴霧劑的刺激性很強，選購時必須多加注意

正解 秒懂！

只用噴的是不可能洗乾淨的！別被誇大不實的廣告欺騙！

Study

## 臭味會消失，是因為界面活性劑的效果

衣物除臭噴霧劑最具代表性的主成分有「雙性離子界面活性劑」與「陽離子界面活性劑」這兩種。

「雙性離子界面活性劑」的分子具有帶正靜電與負靜電的構造，以及在前一節Q5介紹的離子交換除臭效果。有些人認為「界面活性劑很危險」，但雙性離子界面活性劑的安全性很高，甚至常用於嬰兒皂（石鹼）上，或當作食品添加劑應用，若家裡有小孩或是肌膚較敏感的人就非常適合選購。不過殺菌與抗菌效果就稍微遜色。

反觀「陽離子界面活性劑」是常見於柔軟精的成分，有著破壞生態的毒性，也常被當成殺菌、消毒的成分使用。當成界面活性劑使用時，就是抑制細菌繁殖，避免臭味產生的成分。由於殺菌效果非常顯著，所以細菌容易繁殖的場所或惡臭明顯的器具，就建議使用含有陽離子界面活性劑的產品除臭。只可惜這類產品的刺激性也很強，若用於接觸皮膚的衣服就要多留意。

Study

# 「除臭噴霧劑＝整件洗乾淨」絕對是「大錯特錯」

或許是受到電視廣告的影響，有些人覺得「噴一噴除臭噴霧劑，就不用洗衣服」，但這絕對是大錯特錯！因為如同前一頁所述，除臭噴霧劑之所以能除臭，只是透過化學成分的效果抑制臭味，並未真的讓髒汙消失。

更糟的是，除臭噴霧劑的界面活性劑或其他成分都不太會揮發，長期使用之後，成分會不斷累積在衣服上。肉眼看不見或許不用擔心，但只要稍微想像一下……身上的衣服或棉被累積了滿滿的「陽離子界面活性劑」，而且刺激性還很強，就讓人覺得反胃，所以家中有小孩或寵物的家庭尤其該小心使用。

如果是噴在不會直接接觸肌膚的窗簾或地毯上，或許不用太擔心，但寢具或是衣服還是盡可能用水清洗，不要只用除臭噴霧劑除臭。

## 界面活性劑的種類②

接著為大家介紹四種界面活性劑之中的陽離子類與雙性離子類的界面活性劑。

### 陽離子界面活性劑

**有毒性，會刺激皮膚**

陽離子界面活性劑與陰離子界面活性劑相反，具有帶正靜電的性質，常當成柔軟精或護髮乳使用。雖然能防止帶靜電並能賦予潤滑度，但毒性較強，也較刺激皮膚，所以也被當成殺菌劑的成分使用。種類分成「醇酯類烷基銨鹽」、「胺類烷基胺鹽」、「苯紮氯銨」或其他。

### 雙性離子界面活性劑

**無毒，不會刺激皮膚**

一個成分擁有陰離子、陽離子兩種特性，可於分子內取得電氣平衡，所以毒性極弱，也不太會刺激皮膚，常作為嬰兒皂與溫和類清潔劑的成分使用。種類有「烷基氧化胺」、「烷基甜菜鹼」、「卵磷脂」。

---

POINT

除臭噴霧劑雖然分成陽離子與雙性離子兩種，但若顧慮毒性，建議選購安全性較高的雙性離子類產品；只是殺菌、除臭的效果較不明顯。如果可以，寢具或衣服還是盡可能用水洗。

日常化學的為什麼

Q7

# 無酒精的除菌溼紙巾安全嗎？

無酒精卻能除菌？我還是第一次聽到耶……

A7

- 酒精容易揮發，所以比想像中安全
- 無酒精產品所含的殺菌劑或除菌劑的成分，反而要多留意

正解 秒懂！

酒精不是壞東西！
是能安全除菌的幫手！

# 安全性最高的其實是酒精類的產品！

溼紙巾大致分成「酒精類」與「無酒精類」兩種。單就這個分類而言，酒精成分似乎被當成壞東西，但其實酒精成分的「乙醇」並不如想像中的惡劣。「乙醇」若當成化妝品成分使用，的確會造成刺激，我自己也不太會使用；不過如果是用來替餐桌或其他物品除菌，那就不可一概而論。「乙醇」具有「易揮發」的特性，會昇華成為氣體而消失，所以就成分殘留的問題來看，含有「乙醇」的溼紙巾是最安全的產品。

反觀，常見於溼紙巾的殺菌劑或除菌劑，則因不具揮發性而容易殘留。雖然這些成分的毒性不高，又很微量，但在同個位置反覆擦拭後，無法斷言這些成分不會在同一位置累積。唯一要注意的是，若對「乙醇」過敏就選擇無酒精成分的溼紙巾吧！

Study

# 無酒精類型的溼紙巾，有可能毒性比較強

酒精類型的「乙醇」具有除菌效果之餘，無酒精類型的產品則常使用「苯紮氯銨」、「氯化十六烷基吡啶」、「碘代丙炔基氨基甲酸丁」、「異丙基甲基酚」這類殺菌成分。

相較於乙醇，這些成分的毒性較強，也較刺激皮膚，所以在成分濃度上限，也訂得非常低；化妝品所含防腐劑（不會對黏膜使用，洗不掉的成分）的最高添加量。

乙醇的添加量沒有上限，至於「苯紮氯銨」的上限為0.05％，「碘代丙炔基氨基甲酸丁」的上限為0.02％，可添加的濃度非常低。添加量之所以有上限，恰恰代表這些成分具有令人擔憂的刺激性與毒性。

順帶一提，與乙醇一樣被當成壞東西的防腐劑成分「苯甲酸甲脂」的添加量上限為1％，這是各種防腐劑之中最高的數字，也意味著這種成分有多麼安全了。

## 試著比較溼紙巾或柔溼巾的
## 除菌成分的毒性

讓我們逐一檢視除菌溼紙巾的除菌劑、抗菌劑的經口毒性（LD50）。
（*LD50：半數致死量＝實驗動物會有半數死亡的用量）

### 日本除菌產品所含的除菌劑、 防腐劑一覽表

| 毒性 | 成分名稱 | 經口毒性（mg／kg） | 防腐劑濃度規範 |
|---|---|---|---|
| 低 | 苯甲酸甲脂 | 8000 | 1.0% |
| ↓ | 乙醇 | 7000 | 無規範 |
| ↓ | 異丙基甲基酚 | 6280 | 0.1% |
| ↓ | 安息香酸鈉 | 4070 | 1.0% |
| ↓ | 三氯沙 | 3700 | 0.1% |
| ↓ | 安息香酸 | 3040 | 0.2% |
| ↓ | 乙酯 | 3000 | 1.0% |
| ↓ | 苯氧乙醇 | 2900 | 1.0% |
| ↓ | 水楊酸 | 1100 | 0.2% |
| ↓ | 苯紮氯銨 | 240 | 0.05% |
| 高 | 氯化十六烷基吡啶 | 200 | 1.0% |
| ? | 三氯卡班 | 不明 | 0.3% |
| ? | 聚氨丙基雙胍 | 不明 | 0.1% |
| ? | 碘代丙炔基氨基甲酸丁 | 不明 | 0.02% |

* 經口毒性值越高，代表毒性越低；規範濃度越低，毒性通常越高。經口毒性是「每公斤裡有多少毫克，就會中毒」的意思。
* 三氯沙與三氯卡班自 2016 年之後，就由業者自行禁用。

溼紙巾分成「酒精類」與「無酒精類」兩大種，酒精類使用的是「乙醇」。乙醇具有揮發性，會當場揮發，所以非常安全，無酒精類使用的是「苯紮氯銨」、「碘代丙炔基氨基甲酸丁」這類效果較強的成分。

---

**POINT**

含有乙醇的化妝品的確令人擔心，但乙醇的毒性很低，若用來擦拭餐桌或玩具會當場揮發，所以不用擔心。標榜「無酒精」、「無對羥基苯甲酸」的產品也不見得比較安全。

日常化學的為什麼

Q8

# 「殺死塵蟎」的有機除蟎噴霧劑對人體無害嗎？

## A8

- ☑ 有機產品必有的「精油」成分，通常既刺激又有毒
- ☑ 既然蟲都會死，又怎能說對人體無害

**正解 秒懂！**

事實是……有機也很危險
天然成分其實比想像中來得刺激！

Study

## 天然的芳香「精油」成分也有可能會讓人過敏

「有機」聽起來好像對身體很好，日本目前雖沒有明確的定義，但標榜有機的商品有很高的機率會含有「精油」。

「精油」就是香精（Aroma oil）的主要成分，是從植物提煉芳香成分再濃縮製成的物質。由於是從植物提煉的成分，乍聽之下，似乎有益健康，但其實大錯特錯。

「精油」是各種化學成分混合的合成物，由於是天然物質，所以含有很多雜質，也有一定的刺激性與毒性。雖然常用於芳香療法，也具有放鬆以及各種效果，但在芳療世界裡，濃度與成分都有嚴格的規範，而且刺激性很強，過敏的風險也很高。

另一項重點是，精油屬於芳香成分，就算不塗在皮膚，光是聞味道也有效果。尤其對寵物這類小動物而言，精油就是「毒藥」。最近，也曾發生寵物鳥等小型鳥類，因為精油死亡的意外，這也是精油的缺點之一。

Study

# 連蟲都殺得死的「精油」怎麼可能對人體無害

精油的香氣具有放鬆、舒眠以及其他各種效果，光是聞一聞，就能得到各種訴求的效果，怪不得人氣居高不下。在這類精油之中，也有「蟲子討厭的香氣」，標榜有機的除蟲噴霧劑，大多數就是使用這類精油。具體來說，就是「綠薄荷」、「日本薄荷」、「檜木」這類清涼的木質香氣。

一般而言，樹木無法自行移動，為了避免樹葉與樹幹被蟲子啃食，會散發蟲子討厭的香氣，藉此驅趕蟲子。這種從樹木而來的驅蟲香氣稱為「芬多精」（Phytoncide），其特徵在於對微生物有害的毒性，以及強烈的殺菌力。芬多精一旦進入蟲子體內，有可能會造成蟲子死亡，這意味著香氣對其他生物也是有毒的。所以就算標榜有機，也不能斷言對人體全然無害。

就算不會立即有害健康，但還是會對皮膚造成刺激，若是小孩，甚至有可能因此覺得噁心、想吐，所以還是得多加留意。

## 天然精油、合成香料的成分與安全性

了解天然香料與合香料的成分，選出安全的產品吧！

### 精油（天然香料）

精油是從植物提煉出芳香成分而成。利用各種芳香化學物質的混合濃縮物，調出更有層次的香氣後，便具有各式各樣的生理活性，卻也因此具有強烈的刺激性，很可能造成過敏。

### 合成香料

從精油提煉特定芳香成分的物質（單體香料），或是以化學合成單一成分的物質（現在以單一成分為主流），雖然香氣較無層次，卻因為是單一成分而較安全。

### 薰衣草精油的主要成分（單位：%）

| 成分名稱 | 最小濃度 Min | 最大濃度 Max |
|---|---|---|
| 沉香酯 | 25 | 45 |
| 沉香醇 | 25 | 38 |
| cis-β-羅勒烯 | 4 | 10 |
| trans-β-羅勒烯 | 2 | 6 |
| 萜品烯4醇 | 2 | 6 |
| 乙酸薰衣草酯 | 2 | - |
| 薰衣草醇 | 0.3 | - |
| 3-辛酮 | - | 2 |
| 1,8-桉樹腦 | - | 1.5 |
| α-松油醇 | | 1 |
| 檸烯 | - | 0.5 |
| 樟腦 | - | 0.5 |

現在的「合成香料」以「單體香料」為主流，主成分是從這些成分提煉出的沉香醇或沉香酯。單一成分的合成香料遠比複方的精油來得安全。

引用自《香精科學》（Fragrance Journal 公司），並做局部修改。

**POINT**

許多人以為「如果是天然香料，就無條件安全」，但其實天然香料含有許多毒性與刺激性都很強的成分。順帶一提，在 2000 年日本進行的研究指出，這十年內的薰衣草精油，其過敏陽性率呈顯著性增加。

日常化學的為什麼

Q9

# 柔溼巾標示的「純水 99%」真的代表最安全？

A9

- ☑ 雖然標榜「純水99%」，但剩下的1%有可能是濃度極高的除菌劑或防腐劑
- ☑ 給人壞印象的「對羥基苯甲酸」，其實是最安全的防腐劑之一

正解
秒懂！

看到包裝標示「純水99%」、「無（防腐劑）對羥基苯甲酸」，就該心存懷疑！

Study

# 就算都標示「純水99%」，產品不同，成分也不同

選購會直接接觸寶寶柔軟且敏感肌膚的柔溼巾時，當然希望挑到既安全又溫和的產品吧！所以我很能理解，為什麼媽媽看到標示「純水99%」的溼紙巾就想買。

不過，就算標示「純水99%」也不能就此掉以輕心。因為水的濃度越高，雜菌繁殖的速度就越快；相對的，就需要添加效果更強的抗菌劑或防腐劑。有些抗菌劑或防腐劑的刺激性與毒性很強，也真的有產品含有這些物質，所以選購時要仔細看，才能找出較溫和的產品。

分辨的祕訣之一就是，要挑選主成分不含高刺激的水溶性基劑（參考第47頁）和高毒性的防腐劑，例如「苯紮氯銨」、「氯化十六烷基吡啶」，或是安全性不明的「碘代丙炔基氨基甲酸丁」和「聚氨丙基雙胍」這些物質的產品。有些產品為了避免乾燥，會添加高刺激性的保溼劑「氯化鈣」，選購時需要特別注意。

# 眾所周知的防腐劑「對羥基苯甲酸」不是壞東西！

一如前頁所述，「純水99％」、「無（防腐劑）對羥基苯甲酸」都是柔溼布常見的包裝標示之一。

「對羥基苯甲酸」是預防微生物繁殖，維持品質的防腐劑，卻也常被傳成有害物質，導致消費者產生「不含對羥基苯甲酸＝不傷害肌膚，因此可以放心」這類印象。

想必大家是覺得「防腐劑是殺菌、除菌的成分，一沾到皮膚就會造成刺激」，才會產生上述的印象吧！也的確有廠商為了銷售因素而刻意不添加「對羥基苯甲酸」。

可是真實的情況是，「對羥基苯甲酸」尤其是「苯甲酸甲脂」是安全性最高的防腐劑之一。大家可以翻回第39頁看看，就會發現「苯甲酸甲脂」的經口毒性（誤食之際的毒性值）為8000mg／kg。被認為毒性最強的「氯化十六烷基吡啶」為200mg／kg，兩者的毒性差了接近40倍（經口毒性的數值越低，代表毒性越高，數值越高代表越安全）。由於「對羥基苯甲酸」是最值得安心使用的防腐劑成分，所以就個人意見而言，也是最該用於柔溼巾的成分。

## 了解水溶性基劑對皮膚造成的刺激

柔溼巾或溼紙巾的主成分為「水溶性基劑」，而且這些基劑為酒精類的成分，常當成化妝品的主要成分使用。這也是除菌劑之所以會有輕微毒性的原因，若產品以高刺激性的水溶性基劑為主要成分，有時會有造成皮膚乾糙的毛病。

| 成分名稱 | 經口毒性值（LD50:rat） | 皮膚刺激性（原液） | 眼睛刺激性（原液） | 補充 | 適合膚質 |
|---|---|---|---|---|---|
| 甘油 | 27g／kg | 無刺激性 | 無刺激性 | 低刺激性，常當成保溼劑使用 | 敏感肌膚 |
| BG（1,3-丁二醇） | 23g／kg | 極輕微的刺激性 | 無刺激性 | 低刺激性，常當成保溼劑使用 | |
| PG（丙二醇） | 21g／kg | 極輕微的刺激性 | 輕度刺激性 | 滲透性較高，近年來使用頻率降低 | 普通肌膚 |
| DPG（二丙二醇） | 15g／kg | 輕度刺激性 | 有刺激性 | 作為PG的替代品使用 | |
| 1,3-丙二醇 | 無資料 | | | PG的同分異構物、安全性資料不足 | |
| 戊二醇 | 12.7g／kg | 無資料 | | 經口毒性以外的資料不足 | 強韌肌膚 |
| 乙醇 | 7g／kg | 有刺激性 | 有刺激性 | 高揮發性、高濃度就具有殺菌效果 | |
| 己二醇 | 4.7g／kg | 有刺激性 | 重度刺激性 | 主要當成防腐劑使用 | |
| 1,2-己二醇 | 無資料 | | | 己二醇的同分異構物，資料不足 | |

參考：《油脂、脂質、界面活性劑資料手冊》日本油化學會編（丸善出版）

「甘油」或 BG 屬於低刺激性的成分，所以敏弱肌膚的人應該選購以這些成分為主要成分的產品。「1,2-己二醇」或「己二醇」比「乙醇」更刺激，所以要避開主要成分為這些成分的產品。

**POINT**

溼紙巾與柔溼巾的水分較多，較容易變質，因此一定含有上表這類化學成分。所以即使產品標示純水 99%，也得確認是否添加了高毒性的除菌劑，或者其主要成分是否為高刺激性的基劑。

## 改善手部肌膚粗糙的究極祕技

# 使用用完即丟的塑膠手套 讓你與清潔劑零接觸

先前提過，造成手部粗糙的原凶是洗碗精。也提到，不管清潔劑的成分多麼溫和，只要保護肌膚的天然保溼成分或皮脂不斷被洗掉，雙手遲早會變得粗糙。

我自己對清潔劑也很過敏，只要不小心接觸，雙手就會變得粗糙、乾乾的，去掛皮膚科也治不好。就算改用標榜天然溫和的清潔劑，也是什麼都沒有改善，實在讓人覺得很頭痛。

當時我想到的就是這個方法。之前雙手乾澀、粗糙的問題持續了一年之久，不管怎麼塗藥，最多只會暫時緩解症狀，乾澀狀況過沒多久又立刻復發，但使用這個方法之後，幾個月之內就完全康復。

至今我仍保有這個習慣，而且常常被別人稱讚「手很漂亮」。

這個方法很簡單，就是「若會接觸到清潔劑，就一定用手套保護雙手」。

話說回來，手部之所以會變得粗糙，全因皮膚的保護成分被清潔劑洗掉，所以只要讓雙手與清潔劑隔絕，就能解決這個問題。而且，不管使用的是洗淨效果多麼強的產品，也不會對手部肌膚造成傷害，這可說是最簡單確實的方法了。

當初我是利用橡膠手套解決手部粗糙這個問題，而現在則改用「用完即丟的塑膠手套」。有些人有「乳膠過敏」的症狀，所以沒辦法使用橡膠手套，而且橡膠手套用太多次，內部會繁殖大量的雜菌並發黴。另外，有些人的雙手無法戴含粉手套，所以選購時，建議選用「無粉」的塑膠手套。

戴手套的確麻煩，但卻是解決手部粗糙問題的最佳辦法，而且這個辦法的重點在於「就算要洗的只有一個盤子，也一定要戴手套」。一時的大意，往往會讓手部粗糙的毛病復發，所以請務必貫徹戴手套洗碗的習慣，哪怕在別人眼中像個瘋子也沒關係。

KAZUNOSUKE USE

item

柔軟手套　塑膠材質

M尺寸　一百個入

金石衛材株式會社

* 購買參考：https://www.amazon.co.jp/dp/B005FLZ7J8

## 敏弱肌膚、寵物與嬰兒拭口巾的好消息

# 真正實現「純水 100%」可買到的商品

一如前述，真正「純水 100%」的擦屁屁溼紙巾與一般溼紙巾非常少（實質上是沒有）。

因為含水量較高的商品容易產生雜菌，所以得添加一定程度的防腐劑或殺菌劑；否則為了擦掉手上的細菌，反而多塗了一堆細菌在手上。而且，水分的比例增加至99%之後，就得添加低濃度也能發揮防腐效果的強力成分，而這也是讓人不得不擔心的部分。

其實市場上真有「純水 100%」的產品，接下來也打算為各位讀者介紹。如果您是家裡有小寶寶的媽媽，或許會知道「亞曼詩寶寶專用清淨棉」（ママとベビーの水だけぬれコットン），它就是一款無添加任何防腐劑的100%純水的產品。由於沒有添加任何化學成分，所以就潔淨肌膚的產品而言，可說是刺激性最低（或說是零刺激）的產品。

亞曼詩寶寶專用清淨棉之所以可達到100%純水，是因為「高壓蒸氣殺菌處理」與「鋁箔紙包裝」這兩點。高壓蒸氣殺菌處理就是高壓鍋爐殺菌，是將飽和水蒸氣加熱到溫度適度、壓力適中，讓水中的微生物滅絕的殺菌方法，而且還利用特殊濾網在高溫殺菌後，去除仍於細菌殘骸存留的 pylon*。此外，還進一步利用鋁箔紙包起每片產品，避免雜菌入侵，達到衛生的目的。

每片產品的面積不大，用來擦屁屁的確是需要一點技巧，但也可以當成小寶寶或寵物的拭口巾使用；大人也可隨身攜帶，當作是擦手的紙巾使用。由於是一片片的包裝，隨時在口袋放個幾片，口袋看起來也不會鼓鼓的。

* 源自細菌的內毒素（endotoxin）

KAZUNOSUKE USE

item

亞曼詩寶寶專用清淨棉

100片包裝

株式會社大衛

* 購買參考：https://www.amazon.co.jp/dp/B00FR3M044

KAZUNOSUKE CHOICE

秒懂！

# 非離子型洗碗精比較不傷肌膚

**item**

花王

Cucute

不傷手

* 部分日本商品專賣店、網站均有販售

**一之介的著眼點**

主成分為「非離子界面活性劑」是最大的賣點。洗碗精之所以會對皮膚造成刺激，最大的原因來自「離子性」（靜電），但非離子界面活性劑不會產生離子性，所以對肌膚的刺激也較少。

component

成分剖析

# 主成分未添加陰離子清潔成分，對手部肌膚非常溫和的非離子清潔劑

成分

- ☑ 界面活性劑（42%、烷基聚葡萄糖苷、烷基甘油基醚）
- ☑ 安定劑

官網公布的所有成分：

「水、烷基聚葡萄糖苷、乙醇、烷基甘油基醚、聚丙二醇、直鏈烷基磺酸鹽、對甲苯磺酸鈉、氯化鎂、烷基氧化胺、烷羥甜菜鹼、聚氧乙烯烷基醚、亞硫酸鈉香料、著色劑」

**pH值：中性**

ITEM 01

主成分未添加陰離子清潔成分，對手部肌膚非常溫和的非離子清潔劑

這款對手部肌膚不會造成太大負擔的產品是以「非離子界面活性劑」的「烷基聚葡萄糖苷」與「烷基甘油基醚」為主成分。雖然也添加了「直鏈烷基磺酸鹽」這種陰離子界面活性劑，但從未於包裝標示這點來看，添加量應該小於1%（非離子界面活性劑不易起泡，所以才添加），也讓這款產品具有徹底洗去汙漬的清潔效果。不過要注意的是，比例偏高的乙醇很可能讓手部肌膚變得乾燥，所以長期徒手接觸的話，雙手還是有可能變得粗糙。

KAZUNOSUKE CHOICE

秒懂！

# 快快洗好，讓髒汙消失無蹤！

item

花王

Cucute

* 部分日本商品專賣店、網站均有販售

**一之介的著眼點**

不使用直鏈烷基磺酸鹽這類較刺激的成分。雙性離子配方，讓這項產品更溫和，不足的洗淨力可由非離子的產品補強。

component

成分剖析

# 利用多種界面活性劑 緩和對肌膚的刺激，並提升洗淨力

成分

- ☑ 界面活性劑（37%）、高級乙醇類（陰離子）
- ☑ 磺基琥珀酸二乙基己酯鈉 ☑ 安定劑
- ☑ 除菌劑

官網公布的所有成分：

水、聚氧乙烯烷基醚硫酸鹽、對甲苯磺酸鈉、二乙二醇丁醚、Sodium alkyl hydroxy sulfonate、磺基琥珀酸二乙基己酯鈉、烷基聚葡萄糖苷、烷基甘油基醚、烷基氧化胺、氯化鎂丙二醇、香料、硫酸鋅、亞硫酸鈉

**pH值：中性**

ITEM 02

## 成分含有化粧品或洗髮精都使用的界面活性劑

主成分的「聚氧乙烯烷基醚硫酸鹽」最近常當作洗碗精的成分之一，但它其實最常使用在洗髮精上；「磺基琥珀酸二乙基己酯鈉」也是化妝品上常用的低刺激洗淨成分。「烷羥磺酸鈉」或「烷基氧化胺」都是較不刺激的雙性離子界面活性劑，至於不足的洗淨力則由非離子的「烷基聚葡萄糖苷」提昇洗淨油脂的效果。

KAZUNOSUKE CHOICE

消臭劑

秒懂！

# 沒有香味，而且徹底除臭

item

小林製藥

## 無香空間

不傷手

* 部分日本商品專賣店、台灣網站均有販售

**一之介的著眼點**

在沒有特別使用離子交換來達到效果的除臭劑之中，「無香空間」並未試著以香氣或設計與其他商品做出區隔，這麼簡單的配方也是它最理想的部分。成分也只有「胺基酸類除臭劑」與「吸水性樹脂」這兩種，真可謂Simple is The Best。

component

成分剖析

## 無香料與特別強化除臭效果的產品！簡潔、不起眼的設計給人好印象

成分

☑ 胺基酸類除臭劑　☑ 吸水性樹脂

ITEM 03

### 不依靠香味來除臭，也不偷工減料！顆粒狀的產品也不會發生液體外漏的問題

這是讓「胺基酸類除臭劑」溶於水，再利用吸水性樹脂凝固成顆粒狀來除臭的產品，所以可吸收阿摩尼亞臭味或體臭等這類離子化的異臭。最明顯的特徵就是，水分會在吸收臭氣時流失，所以會越來越小顆。

有些產品會利用香料矇混除臭效果，也會讓衣服沾染其他味道，但這項不含香料的產品完全不需要擔心這些問題。而且，顆粒狀的產品也不太需要擔心包裝破裂外漏的問題。

KAZUNOSUKE

秒懂！

# 用於重視安全性的除臭&除菌

**item**

花王

## Resesh

除菌EX　香味不殘留類型

* 部分日本商品專賣店、台灣網站均有販售

**一之介的著眼點**

在日本的「家庭用品品質表示法」裡，明明是不需遵守，也可不用列出所有成分的衣物除臭劑，但它卻願意清楚標示成分，這點給人好印象。這項產品的除菌效果雖然比不上「陽離子界面活性劑」的除臭噴霧劑，但是「雙性離子界面活性劑」已能清除一般的家庭臭味。

component

成分剖析

## 雙性離子與綠茶精華的溫和除臭&除菌效果！

成分

☑ 雙性離子界面活性劑 ☑ 綠茶精華
☑ 除菌劑 ☑ 香料 ☑ 乙醇

**pH值：中性**

ITEM 04

因為會接觸皮膚，所以安全性重於除臭效果

主成分的「雙性離子界面活性劑」屬於低毒性、低刺激的成分，是常見的嬰兒皂成分之一。因為除臭噴霧劑會噴在接觸肌膚的衣服或其他布製品上，所以選擇低成分才是王道。

此外，以「綠茶精華」為除菌成分這點也大大加分。一如包裝標示，的確只有綠茶精華這項成分很難達到九十九．九％除菌，但不添加強效除菌劑這點，就不怕寵物或小嬰兒不小心舐食，相較之下也比較安心。

KAZUNOSUKE CHOICE

秒懂！

# 低風險的雙重除菌成分

item

LION 獅王

## 綺麗

除菌溼紙巾　酒精類型

* 部分日本商品專賣店、台灣網站均有販售

### 一之介的著眼點

在眾多商品之中，殺菌成分複雜的比比皆是，但這項產品的成分較不複雜，也是我喜歡它的原因。對於酒精或對羥基苯甲酸過敏的人，請選擇無酒精類型。

component

成分剖析

**事實上，對羥基苯甲酸與乙醇都是非常安全的成分。**

成分

- 水
- 乙醇
- BG
- 苯甲酸甲脂
- 乙酯
- 桃葉精華
- EDTA-2Na

ITEM 05

## 簡單的除菌劑與防腐劑，卻能得到理想的除菌效果

這項產品只以「乙醇」、「對羥基苯甲酸」當作除菌劑與防腐劑使用，配方可說是非常的簡單。

乙醇若直接擦在肌膚上，的確是會造成刺激，但用來擦拭物品，造成刺激的風險就低得多，因為會立刻揮發。許多人害怕對羥基苯甲酸，但在各種防腐劑之中，這是安全性極高的成分之一。此外，若對酒精過敏，建議選購無酒精的類型。

柔溼巾

KAZUNOSUKE CHOICE

秒懂！

# 不會傷害寶寶的肌膚

item

阿卡將本舖

水99% Super

新生兒專用的柔溼巾

* 台灣1號店（秀泰樹林店）、媽咪愛網站均有販售

## 一之介的著眼點

許多產品明明是給小寶寶用的，卻添加了高刺激性的防腐劑，所以這項以低刺激成分為主的產品，就是我推薦的主因。而且，它的保溼成分由多種配方製成這點也更是加分。

* 包裝有可能會變更。

成分剖析

## 多種配方的保溼成分！
## 照顧寶寶肌膚的配方

成分

- 水
- 玻尿酸鈉
- α——葡聚糖
- PCA-Na
- 安息香酸
- 氯化十六烷基砒啶
- 水溶性玻尿酸
- 葡糖基神經醯胺
- 甘油
- PEG-60氫化蓖麻油
- 安息香酸鈉

ITEM 06

高性價比與溫和成分的完美平衡，
媽媽、爸爸、小寶寶都會露出笑容的產品

這項產品的重點在於，以「水溶性玻尿酸」、「葡糖基神經醯胺」或是其他成分製作保溼成分。由於含水量高達99%，所以剩下的1%為保溼成分和防腐劑。防腐成分為「安息香酸、安息香酸Na、氯化十六烷基砒啶」這三種，可分別對抗不同的細菌，同時創造多重的效果，也因此能以較低的濃度達到比較明顯的防腐效果。尤其是安息香酸Na，更是可高濃度使用的成分，所以使用上可說是安全無虞。

## 牛奶也含界面活性劑？

「界面活性劑」就是讓水與油
混合在一起的成分，所以水分與
乳脂肪混在一起的「牛奶」，
也含有界面活性劑

若只有界面活性劑這種化合物，是無法發揮界面活性劑效果的。牛奶的乳脂肪與水分之所以能夠融合，是因為有「酪蛋白」這種蛋白質；蛋白質的構造很複雜，具有可融合油脂與水分的物質。自然界還有各式各樣的界面活性劑，而且是平常不會特別想到的普通成分。

PART.2

# 洗滌的科學

## 「辨識真正具有清潔效果的洗衣精」

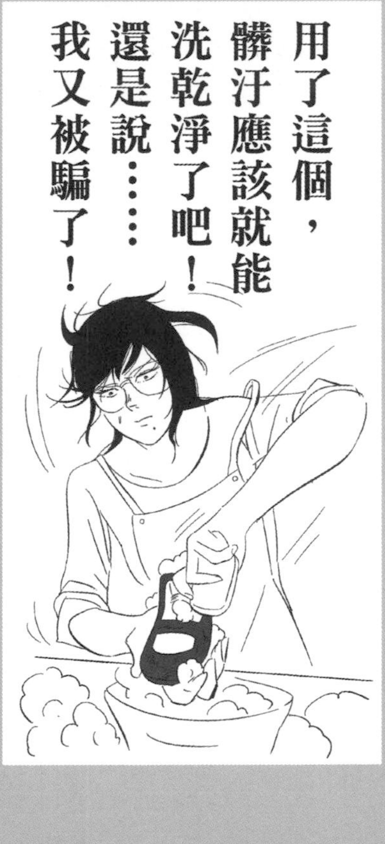

洗滌化學的為什麼

Q1

# 「可在室內晾乾」的洗衣精與一般的洗衣精有何不同？

A1

- ☑ 抑制細菌繁殖的酵素，可擊退沒晾乾的臭味
- ☑ 酵素也有缺點，敏感肌膚要特別注意！

正解 秒懂！

就算沒晾乾，「酵素」也能避免衣物發臭！不過這也是造成肌膚粗糙的原因！

Study

# 能分解髒汙與雜菌的「酵素」

室內晾乾洗衣精與一般洗衣精的最大差異，在於成分是否能抑制細菌繁殖，因為晾在室內的衣物之所以會發臭，全因細菌大量繁殖造成。一說到抑制細菌繁殖，似乎會立刻想到**PART 1**介紹的「抗菌劑」，但洗衣精通常不含這種成分，而是利用「酵素」來擊退衣物沒晾乾的臭味。

在洗衣精裡添加的酵素主要是「蛋白質分解酵素」，顧名思義，其效果就是把蛋白質分解掉的酵素。這種酵素可洗淨「蛋白質類的髒汙」，例如附著在衣服領子、袖口的汙垢，以及屬於角質或血液的髒汙，也能同時分解以蛋白質組成的雜菌。換言之，對於微小的細菌而言，這種蛋白質分解酵素等於是殺菌劑。

一般認為，洗衣精的酵素在約50℃的熱水之中最能發揮效果。雖然在一般的冷水之中就能發揮不錯的效果，但如果想徹底洗淨以及除臭，還是建議用熱水來清洗。

## 一旦酵素殘留，肌膚就有可能因此變得粗糙

添加酵素的洗衣精固然可以徹底洗淨汙垢與除臭，卻也有不容忽視的缺點，那就是酵素是容易造成皮膚刺激，還有在衣物殘留的成分。

前一頁已經提過，蛋白質分解酵素可分解蛋白質類的髒汙與雜菌，但除了髒汙與雜菌，人類的皮膚組織也是以蛋白質組成，所以當酵素沾附在皮膚表面，一樣會對皮膚造成不良影響。此外，分子量較大的酵素很容易附著在纖維表面，用水沖洗也不見得能百分之百洗掉，還是很容易於衣物上殘留。若酵素對肌膚造成傷害，建議多用水沖洗幾次。

雖然酵素洗衣精具有強效的洗淨能力、除臭效果以及其他優點，卻不太建議患有異位性皮膚炎，或者皮膚容易有敏感問題的人使用，也不太適合用來清洗小寶寶或小朋友的衣服。若不想對肌膚造成傷害，又想徹底去除臭味，還是最建議日曬或使用烘衣機。

## 主流酵素的效果與種類

酵素就是「可分解特定物質的蛋白質」，雖然也有合成的酵素，但基本效果都是分解，下列為主流酵素的種類。

### 酵素的運作機制

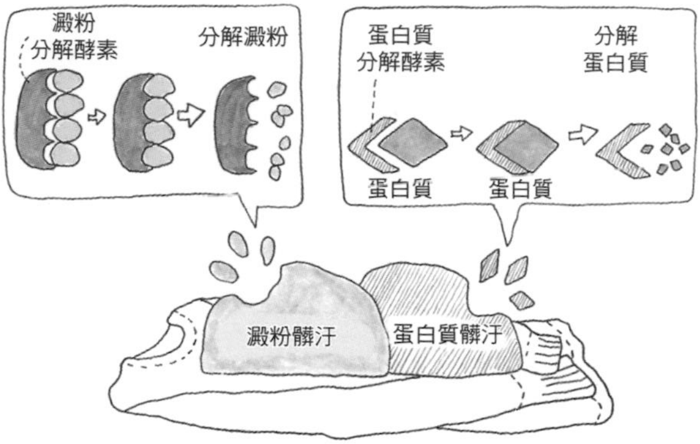


| 主流酵素 | 分解後的物質 |
| --- | --- |
| • 澱粉酵素 | • 澱粉（白飯） |
| • 麥芽糖酵素 | • 麥芽糖（maltose） |
| • 轉化酵素（蔗糖酵素） | • 砂糖（sucrose） |
| • 脂肪分解酵素 | • 油脂（脂質） |
| • 消化酵素、胰蛋白酶 | • 蛋白質 |
| • 胜肽分解酵素（蛋白質分解酵素） | • 蛋白質 |

---

**POINT**

添加酵素的洗衣精主要是添加蛋白質分解酵素，所以主成分為蛋白質的血漬、衣領袖口的髒汙都能徹底洗乾淨。其實就連含有膠質的「墨汁」也是蛋白質，所以酵素洗衣精當然也能洗得掉。不過，人類的皮膚也是蛋白質組織，所以肌膚敏弱的人在使用上要特別注意。

洗滌化學的為什麼

Q2

# 蔚為話題的「凝膠型洗衣精」真的好用嗎？

輕輕一放，全部搞定

A2

- ☑ 成分與普通的洗衣精相同，只是做成凝膠形狀而已
- ☑ 看起來像果凍，所以誤食的意外頻傳？

正解 秒懂！

最大的魅力是使用方法簡單，但其實缺點多多！

Study

## 只是凝固狀態的洗衣精！「膠凝劑」也含有令人不安的成分

到目前為止市面上提到的洗衣精，不是液體就是粉末這兩種，但目前市面上出現了第三種的洗衣精，那就是「凝膠型洗衣精」。凝膠型洗衣精的最大特徵莫過於形狀；這種洗衣精居然是固體的，加上外觀嶄新，似乎讓人充滿無限想像。

不過，這種凝膠型洗衣精的真面目，就只是將高濃度的界面活性劑，特別凝固成凝膠的膠凝劑產品，主成分仍是「直鏈烷基磺酸鹽」這種陰離子界面活性劑。箇中其實了無新意，而且還很容易殘留，刺激性也很強，在日本已利用其他成分取代。

製造商宣稱的諸多效果有：一個就是單次的用量，使用時不需另外計算用量，也不會弄髒雙手；但其中卻刻意避談凝膠型洗衣精到底有哪些好處。由此可知，能依照髒衣服多寡與水量來調整用量的洗衣精，才能真的避免成分無法完全溶解與造成肌膚刺激的問題。

Study

## 兒童可能會誤食與含有大量香料的兩大缺點

剛剛提到「完全沒必要特地改用凝膠型洗衣精」，所以我個人也一直不推薦大家使用。

其理由之一在於兒童可能會誤食。貌似果凍的外觀，在國外造成多起兒童誤食意外，單單美國就發生了近六千件的誤食意外，其中更有二十人因此死亡。雖然因誤食洗衣精而死亡的案件原本就少之又少，但少量卻能洗淨衣物的凝膠型洗衣精通常是高濃度的界面活性劑，而且還添加了各種化學物質，所以才會造成這麼多的悲劇。

此外，凝膠型洗衣精也有香料殘留的問題。有關香料的問題將在其他頁面解說，但其實香氣過於濃烈的香料近來常造成各種社會問題，其中不乏有人因為香料而感到不適。凝膠型洗衣精的香料，也因為膠凝劑的特性而更容易導致殘留。其實還真的聽過「香料很刺鼻」這類的反應……。

# 家用清潔劑的主要界面活性劑一覽

在此為大家整理了常見於洗碗精與洗衣精的界面活性劑，了解各成分的名稱與特性，就能挑出更優質的產品。

## 家用清潔劑常用的主要界面活性劑

| 種類 | 名稱 | 說明 |
|---|---|---|
| 陰離子型 | 高級脂肪酸鈉鹽（石鹼） | 「石鹼」就是常見的肥皂；屬於弱鹼性，可有效去除皮脂汙垢或蛋白質類汙垢，容易殘留水垢。 |
| | α——磺基脂肪酸甲酯鈉鹽 | 構造與石鹼類似的低刺激性合成清潔劑。 |
| | 直鏈烷基磺酸鹽 | 洗淨效果顯著的清潔成分，濃度太高會對皮膚造成刺激。 |
| | 烷基硫酸鹽 | 就是化妝品的「月桂醇聚醚硫酸酯鈉」；洗淨效果與刺激性都很強。 |
| | 烷基乙醚硫酸酯鈉 | 化妝品的「月桂醇聚醚硫酸酯鈉」；是目前洗衣精或洗碗精的主流成分，也常用於製作洗髮精。 |
| | 聚氧乙烯烷基醚硫酸鹽 | |
| | 磺基琥珀酸二乙基己酯鈉 | 低刺激性的清潔成分。 |
| | α——烯基磺酸鈉 | 效果與「月桂醇聚醚硫酸酯鈉」相當的成分，也常用於製作洗髮精。 |
| 非離子型 | 聚氧乙烯烷基醚 | 冷洗精的主要成分；低刺激，不帶靜電的特性讓衣服不會在洗後感覺緊繃。 |
| | 聚氧烷烴烷基醚 | |
| | 聚氧乙烯烷基胺 | 在冷洗精或嬰兒衣物洗衣精添加的質感調整劑；具有些微的陽離子性質。 |
| | 烷基聚葡萄糖苷 | 洗碗精的輔助清潔劑；刺激性不高，卻能強力洗淨油脂。 |
| | 烷基甘油基醚 | 洗碗精的輔助清潔劑。 |
| 雙性離子型 | 烷基氧化胺 | 刺激性非常低的洗淨成分，洗淨效果也很弱，常添加來當作洗碗精的輔助成分，可有效緩和陰離子界面活性劑的刺激性。 |
| | 烷基甜菜鹼 | |
| | 烷羥甜菜鹼 | |

洗滌化學的為什麼

Q3

# 包裝標示「只需沖洗一次」是真的嗎？

A3

- 液體的產品，或許真的可以只沖洗一次
- 石鹼或粉末的清潔劑，都該徹底沖洗！

正解

秒懂！

雖然不可盡信，
不過也有可以只沖洗一次的產品

只需沖洗一次

Study

# 確認液體、粉末、凝膠，這些清潔劑的殘留性

洗衣精的包裝常有「沖洗一次OK」的標識，至於要判斷這個標示的真偽，就要從洗衣精的性質和使用的界面活性劑著手。具體來說，液態的洗衣精比較容易完全溶解，粉末或凝膠類的比較容易於衣物上殘留。最需要多次沖洗的種類是「純石鹼」或「脂肪酸鈉」這類「石鹼類」的洗衣精。以石鹼為主成分的洗衣精呈弱鹼性，具有明顯的洗淨效果，能強力洗淨油脂或蛋白質類的汙垢，卻也容易殘留水垢。水垢就是自來水的金屬離子與石鹼成分合成的「水鏽」，是一種白色粉末，如果於衣物上殘留，就會造成肌膚粗糙的問題，所以使用之際要多加注意。

此外，一如前面Q1所述，即使是液態的洗衣精，只要添加了「酵素」，就不能輕易相信包裝上「沖洗一次OK」的標示。如果是冷洗精這類非離子清潔劑，因為沒有添加會殘留與造成肌膚負擔的添加物，所以即便是肌膚敏感的人，洗衣服的時候是可以只沖洗一次。

只需沖洗一次

Study

## 比起界面活性劑，「添加劑」更該注意

一如前述，在擔心清潔劑的殘留問題時，最該注意的是性質。

雖然界面活性劑的種類也需要多考慮，但是當成「清潔劑」使用的配方通常很容易用水沖掉，不太容易於衣物上殘留。有些喜歡購買標榜純天然產品的消費者，以為石鹼對肌膚最不刺激，但針對殘留性而言，「聚氧乙烯烷基醚硫酸鹽」（AES）這種合成的清潔劑反而不容易有殘留問題，但石鹼卻屬於容易殘留的類別。

若打算選購以合成清潔劑為主成分的洗衣精，應該將重點放在「添加劑」上。除了剛剛介紹的「酵素」、「柔軟精」、「漂白劑」、「螢光劑」這些添加劑之外，還有很多成分都會於衣物上殘留。雖然柔軟精與螢光劑屬於不殘留就無法發揮效果，是稍微殘留還可容忍的添加劑，但多少還是會造成肌膚的刺激，所以仍不可掉以輕心！許多標榜沖洗一次即可的洗衣精，都添加了許多添加劑，所以還是得多沖洗幾次比較安全。

## 處理各種髒汙

使用不同效果的洗衣精處理不同的髒汙。
漂白劑的部分請參考第 91 頁。

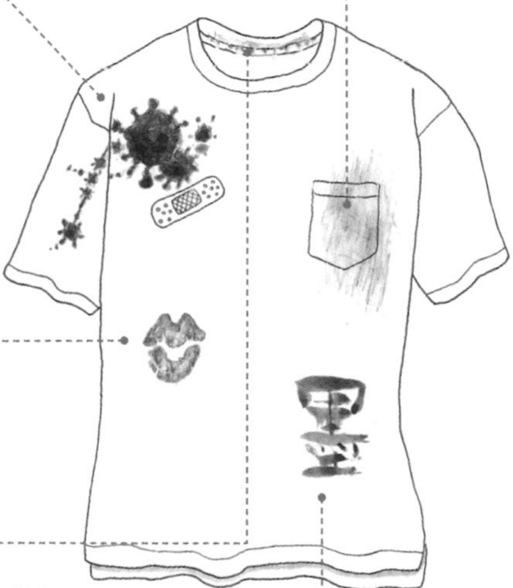

### 血漬髒汙

這種因血液中的蛋白質氧化才形成的髒汙，最怕酵素與鹼性的洗衣精。熱水會讓蛋白質更凝固，所以不適合用來去除這類髒汙。

**推薦的去汙成分：**
添加酵素的洗衣精、石鹼
**推薦的漂白劑：**氧化型、還原型

### 泥汙

砂子這類粒子型的髒汙；帶有油性成分的也算是這類髒汙。
**推薦的去汙成分：**石鹼、陰離子界面活性劑

### 化妝品髒汙

氧化鐵的粒子汙垢與矽膠、烴化油這類油性成分為主成分。
**推薦的去汙成分：**
非離子界面活性劑（冷洗精）

### 衣領髒汙

角質這類蛋白質與油脂氧化之後的汙垢，害怕酵素與鹼性洗衣精；若以氯系漂白水做漂白處理，衣服反而會變黃。
**推薦的去汙成分：**
添加酵素的洗衣精、石鹼
**推薦的漂白劑：**氧化型

### 墨汁髒汙

墨水這類粒子髒汙與膠質這種蛋白質結合而成的汙垢，用酵素或鹼性洗衣精可輕易去除膠質。
**推薦的去汙成分：**
添加酵素的洗衣精、石鹼

---

POINT

了解髒汙的成分，就能知道自己需要哪種洗衣精。對症下藥，就能在洗衣服的時候，選擇對衣物與肌膚都溫和的洗滌方式。

洗滌化學的為什麼

Q4

# 石鹼或珊瑚粉等這類天然洗衣精真的有效？

咦！用珊瑚洗衣服？
Instagram
為了愛護地球，我都用珊瑚粉洗衣服。

A4

- ☑ 別被標籤騙了！石鹼就是界面活性劑
- ☑ 就算不加洗衣精，厲害的洗衣機光用水也能洗乾淨

正解 秒懂！

天然洗衣精幾乎沒什麼可用之處……

# 石鹼類的洗衣精雖然很受歡迎，但是對人、對地球都不怎麼溫和

石鹼類的洗衣精常給人溫和，對環境友善的印象，所以也很受歡迎，但相較於市面常見的合成洗衣精，石鹼類洗衣精優點實在不多。石鹼類洗衣精確實能有效去除油汙或蛋白質形成的髒汙，也有一定的洗淨效果，但是遇到硬水就會形成容易殘留的水垢，對動物毛皮或絲綢這類不耐鹼性的纖維也不適用。

或許是因為大眾對界面活性劑抱著懷疑的態度，才會出現標榜「石鹼不是界面活性劑」的石鹼類洗衣精，但石鹼絕對是界面活性劑之一，與多種合成洗衣精一樣，都是陰離子界面活性劑的一種，是油脂與氫氧化鈉產生反應所形成的化學物質。優點是可快速分解雜菌這類微生物（生物可分解性），但石鹼每次洗滌的用量都遠遠超過常見的合成洗衣精，所以廢水排出量與生產量也跟著增加，這對湖泊、水域都會造成負擔，原料的消費量也會增加，所以絕不是愛護地球的選擇。

# 天然洗衣精……加不加都沒差？

日本近來有以「珊瑚粉」、「金屬顆粒」製成的天然洗衣精，還掀起一小波流行。若針對成分來談，「珊瑚粉」的主要成分為「碳酸鈣」，屬於弱鹼成分；「金屬顆粒」則是「鎂」的顆粒，鎂一遇水就會轉化為氫氧化鎂。觀察天然洗衣精的成分就會發現，許多都一樣是產生「鹼性」成分的產品。換言之，就是希望利用鹼性成分洗淨皮脂或蛋白質這類髒汙。

但是，這些天然洗衣精的洗淨效果實在太弱，碳酸鈣不太會溶於水，金屬的鎂又很容易與空氣裡的氧產生反應，形成氧化鎂薄膜，一樣也很難溶於水。所以也有意見認為，天然洗衣精之所以能用來洗衣服，純粹是因為「洗衣機的性能太好」，與直接用清水清洗的效果幾乎沒什麼兩樣……。

## 天然洗衣精真能洗淨衣物？

最近蔚為流行的天然洗衣精到底有哪些成分？
讓我們一起確認看看吧！

**• 鎂（金屬鎂）**

單以理論而言，鎂溶於水會產生氫氧化鎂這種鹼性成分，所以可洗淨衣物；但如果無法充分地溶於水，洗淨效果就不強。雖然鎂放多一點可提升 pH 值，卻也會傷害衣物。

**• 小蘇打（碳酸氫鈉）**

不容易溶於水的弱鹼性粉末。pH 值為 8 左右，所以洗淨效果非常微弱，會當成研磨劑使用。粉末若是殘留，就會對皮膚造成刺激。參考第 154 頁。

**• 碳酸氫二鈉（碳酸氫鈉、碳酸鈉）**

是小蘇打與碳酸鈉的混合物，鹼性值接近 10，所以比較適合洗淨油脂類的髒汙，但仍要注意粉末是否殘留。參考第 154 頁。

**• 鹼性電解水（氫氧化鈉）**

這是電解食鹽水所得的氫氧化鈉水溶液，屬於強鹼性的水溶液，pH 值為 9 ～ 10，甚至有 12 ～ 13 的種類。市面上的產品通常不會標示濃度，所以使用時要多加注意。另外，也有以「氫氧化鉀」為主要成分的產品。

**• 珊瑚粉（碳酸鈣）**

不容易溶於水的弱鹼性白色粉末，幾乎無法溶於中性的水，所以很難用於洗滌上。是市售的「清潔劑」（Cleanser）的主要成分，但常當成研磨劑使用；與小蘇打的效果類似。

**• 燒製的貝殼鈣（氧化鈣）**

扇貝貝殼以高溫燒製而成的粉末，溶於水就會形成氫氧化鈣，形成 pH 值為 12.5 的強鹼水溶液。使用時，盡量不要直接用手接觸。若不小心吸入粉末，很有可能會形成肺炎，可說是非常危險的產品。

---

**POINT**

天然洗衣精看似比較不會造成環境的負荷，但洗淨效果卻也不太明顯。加上又含有對皮膚造成刺激和傷害纖維的成分，若是效果不太明顯的產品，會洗淨衣物有可能只是洗衣機的功能比較強而已。

洗滌化學的為什麼

Q5

# 洗衣精越高級，效果越好？

A5

- ☑ 洗淨效果雖強，對衣物的傷害也大
- ☑ 價格與效果不是正比，仔細觀察成分再購買

正解 秒懂！

價錢和品質不見得一致！

Study

# 動物纖維和精緻的衣物，不適合以陰離子或石鹼類型的洗衣精清洗

洗衣精主要分成三種（參考第85頁），一種是發泡容易，可洗淨各種髒汙的「陰離子」類型（合成洗衣精），其次是「石鹼」類型，最後是「非離子」或「雙性離子」類型。

這個分類的依據，是以主要成分裡的界面活性劑種類為主，其中適合清洗纖弱衣物的只有第三種，其餘的「陰離子」或「石鹼」類型，都不適合洗滌動物毛皮或絲綢這類纖維較精緻的衣物。

「陰離子」與「石鹼」類型的洗衣精雖然擁有強效的洗淨效果，卻很容易在洗衣服的時候產生靜電，導致纖維劣化，最後當然會對纖維造成傷害。石鹼更因為是鹼性成分，所以不適合清洗絲綢或動物毛皮這類蛋白質纖維。市售的洗衣精通常是「陰離子」或「石鹼」類型，所以較脆弱的衣物最好送洗，或是改以非離子型的洗衣精洗滌。

Study

## 即使是高級洗衣精，石鹼類型與陰離子類型仍是主流

最近市面上常看到專為精緻衣物設計的高級洗衣精，有的一瓶甚至要價四千日圓（台幣一千多元）。心想，這些產品的成分應該比較不會對衣物造成傷害吧！結果仔細一看才發現，成分與市售的洗衣精都一樣（就是聚氧乙烯烷基醚硫酸鹽：月桂醇聚醚硫酸酯鈉）。這不過是常用於洗衣精或平價洗碗精的成分，沒有必要花到千元購買的元素。與市售的洗衣精相比，也沒有特別優異的元素，而且明明就有很多更便宜的非離子洗衣精可以選擇（參考第107頁），實在沒必要花大錢購買。

我們不該一味地認為價格高昂的產品含有較優質的成分，尤其是洗衣精，也該根據成分判斷優劣再選購。

此外，也不要被「植物提煉」、「純天然」的口號所騙，因為現行主流的界面活性劑，幾乎都是從植物提煉，但當中並沒有特別優質的成分。

## 洗衣精的三大分類

洗衣精主要分成三大分類。
讓我們一起確認這些洗衣精的優缺點吧！

### 陰離子類型（合成洗衣精）

優點
- 可處理各種髒汙，洗淨效果明顯
- 少量也能洗淨
- 中性產品，連動物毛或絲綢這類動物性纖維都能清洗
- 具有些微的除臭、殺菌效果

缺點
- 洗淨後，衣物會變得緊繃
- 需要柔軟精讓衣物恢復彈性
- 含有對皮膚造成刺激的成分

主要成分
- 烷基乙醚硫酸酯鈉、直鏈烷基磺酸鹽

### 石鹼類型

優點
- 洗淨效果明顯，對蛋白質髒汙與皮脂汙垢特別有效
- 可利用檸檬酸讓衣物恢復柔順的質感

優點
- 容易殘留水垢（會對皮膚造成刺激或是其他問題）
- 可快速分解微生物，所以會造成異臭
- 遇到硬水就不容易起泡，用量也得增加
- 為弱鹼成分，不能用來清洗動物性纖維

主要成分
- 高級脂肪酸鈉鹽、脂肪酸鉀

### 非離子或雙性離子類型

優點
- 可用來洗滌動物性纖維，不會對纖維造成傷害
- 洗淨後，觸感與質感都不錯（不需要柔軟精）
- 即使殘留，也不會對皮膚造成刺激
- 可去除油汙

優點
- 不太能處理蛋白質髒汙與粒子髒汙
- 沒有除臭與殺菌的效果（容易產生臭味）

主要成分
- 聚氧烷烴烷基醚（非離子）、烷基甜菜鹼（雙性離子）

**POINT**

洗衣精大致分成三種，清楚知道這三種的優劣點之後，可以發現，非離子或雙性離子類型的洗衣精屬於不傷害纖維，殘留也不容易造成皮膚刺激的洗衣精，建議大家可以多多選購。

洗滌化學的為什麼

Q6

# 因洗淨效果而成為話題的石鹼，是有多會洗？

這樣做應該可以洗得掉髒汙吧！話說回來，是一定要洗掉的！

A6

- ☑ 中看不中用！成分與清潔效果和一般的石鹼幾乎沒兩樣
- ☑ 衣服看起來會白亮，全拜「螢光劑」所賜

正解 秒懂！

在主婦之間蔚為人氣的石鹼，其實與普通的石鹼沒什麼明顯差異

Study

## 衣服看起來閃亮潔白，全是「螢光劑」的效果

某個石鹼曾因「不管是多麼頑強的汙垢，都能洗得掉」，進而在主婦之間造成話題。這個石鹼雖然給人很可靠的印象，但其實主成分有98%是「脂肪酸鈉」，與普通的石鹼成分相同，也因為是鹼性，所以常傷害衣物，當然也有洗不掉的髒汙。由於這類石鹼被分類為「石鹼類型清潔劑」，所以最好別用來清洗絲綢或動物毛皮這類動物性纖維。

另一個較值得注意的成分是「螢光劑」。螢光劑是吸收紫外線，再釋放出螢光（藍白光）的化學物質，若是使用添加這種化學物質的洗衣精來清洗衣物，衣物就會在遇到光線的時候，看起來比用一般洗衣精清洗的衣物還更亮。許多強調洗淨效果的洗衣精都會添加這類化學成分，與酵素相比也的確較不刺激，但因為容易於衣物上殘留，加上有化學反應而發光的特殊成分，若本身患有異位性皮膚炎，最好是別接觸這類化學成分。

Study

## 如果訴求的重點是溫和，就該購買同公司出品的液態洗衣精

順帶一提，某個石鹼的製造商也有推出液態洗衣精。雖然最受歡迎的固態洗衣皂有些缺點，但是液態洗衣精卻是優質的產品！液態洗衣精的主成分為「烷基甜菜鹼」這種「雙性離子界面活性劑」，這種洗淨成分的刺激性非常低，與非離子型的洗衣精一樣，不會對衣物造成傷害。

只是，若與陰離子型或非離子型的洗衣精相比，這種洗衣精的洗淨效果算是偏弱，比較難洗掉衣領或頑強的斑點，但如果只是汗水或淺層的髒汙，就能洗得一乾二淨。

這種雙性離子洗衣精就算殘留，也不會刺激皮膚，所以很適合用來清洗內衣褲。也因為去除油汙的效果比非離子型的洗衣精低，所以可以拿來清洗化妝用海綿或化妝品刷具。雖然會花點時間，但不太會傷害這些化妝用品的材質，也讓這些化妝用品可以用得更久。這種洗衣精也有輕微的柔衣效果，可當成柔軟精使用。儘管效果不是太出類拔萃，但用途多多這點的確是這類洗衣精的特徵之一。

## 螢光劑安全嗎？

「螢光劑」是常見於洗衣精的成分，也是碰到紫外線就會發出藍白光的化學物質，具有讓白色衣物看起來更鮮亮的效果。

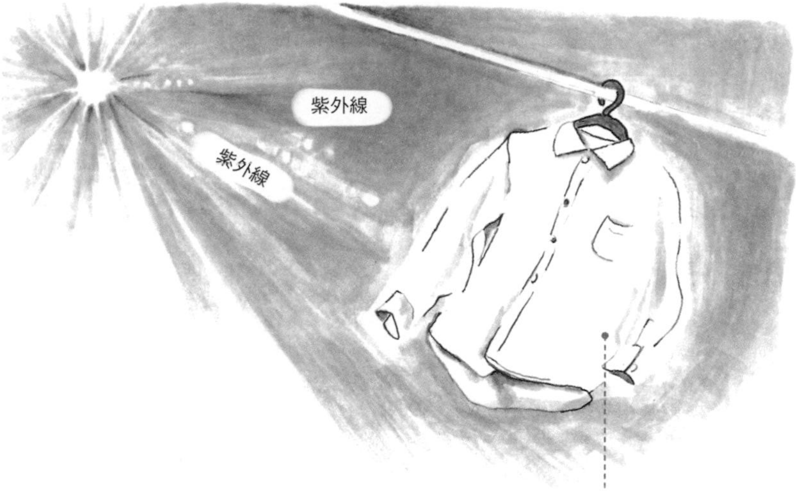


目前已確定螢光劑沒有刺激性與毒性，所以基本上可安心使用。只是有資料指出，若濃度上升至10%就會對皮膚造成刺激，所以肌膚敏弱或異位性皮膚炎的患者最好使用無添加的洗衣精。

螢光劑遇到紫外線就會釋放出藍白光；藍色為黃色的補色，所以黃斑處會因此顯得更白。

---

**POINT**

螢光劑常給人一種危險的印象，但其實是低毒性的安全成分。順帶一提，在日常生活裡，只有日光含有紫外線，所以平常在家裡穿的衣服若用了添加螢光劑的洗衣精清洗，也完全看不出效果。

洗滌化學的為什麼

Q7

# 不管選哪種漂白劑，效果都一樣？

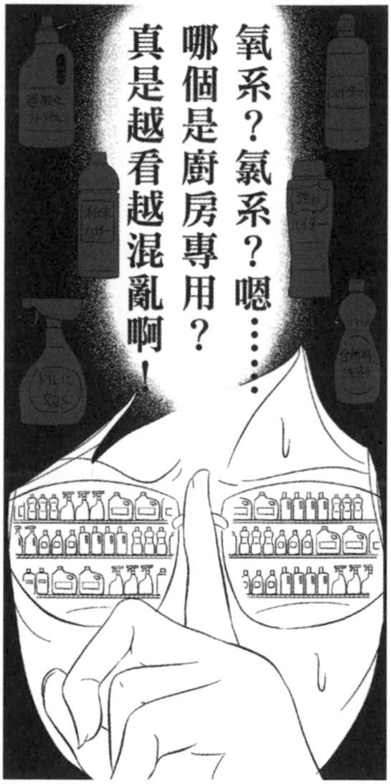

氧系？氯系？嗯………
哪個是廚房專用？
真是越看越混亂啊！

A7

- ☑ 不同類型的漂白劑，具有不同的漂白原理
- ☑ 使用洗淨效果明顯的「氯系漂白劑」的時候，要特別小心謹慎

正解 秒懂！

最推薦的是漂白效果溫和的氧系漂白劑

Study

# 氧化型漂白劑與還原型漂白劑的原理

能強力去除斑點或頑強汙垢的漂白劑分成：①「氧化型漂白劑」與②「還原型漂白劑」兩種。

①氧化型漂白劑的主成分為「次氯酸鈉」、「過氧化氫」或「過碳酸鈉」這類「氧化劑」。氧化劑具有高能量，可破壞各種物質的構造，所以氧化型漂白劑就是破壞色素的構造，讓顏色褪色的產品。次氯酸鈉類型則被稱為「氯系」，是效果最為顯著的成分，其次是「氧系」的過碳酸鈉，效果最弱的是過氧化氫。

②還原型漂白劑則是「二氧化硫脲」這類成分，可透過氧化效果還原髒汙，達到漂白的效果，所以還原型漂白劑是專門對付氧化汙垢的漂白劑。例如鐵鏽或是衣物變黃都能有效對付，但是容易變黃的蛋白質纖維，如絲綢或動物毛皮就很容易因為還原效果而受損，所以千萬別隨便使用這類漂白劑清洗。此外，這類漂白劑也有如雞蛋腐敗的味道，所以一般家庭幾乎沒機會使用。

Study

## 平常使用的液態氧化型漂白劑，氯系漂白劑只在白色衣物使用

在眾多漂白劑之中，效果最強的是「氯系漂白劑」，其主要成分的「次氯酸鈉」具有非常強烈的氧化效果，所以漂白效果也非常顯著。但如果用於有顏色、有花紋的衣物，不僅髒汙會被漂白，連顏色與花紋都會被破壞，纖維也會因為氧化效果而受損，衣物當然會在多次使用這類漂白劑之下而損傷。加上它是會腐蝕手部肌膚的強力藥劑，所以不是太頑強的汙垢，就盡量少用。

建議，以「過氧化氫」類型的氧系漂白劑作為平常使用的漂白劑。這類型的漂白劑為液態漂白劑，漂白效果不那麼強，所以用途反而比較多，舉凡有顏色、有花紋的衣物都可以使用，也不會對纖維造成傷害。過氧化氫是一種「氣體」，所以就算於衣物殘留，過一段時間就會揮發。同為氧系的「過碳酸鈉」粉末狀漂白劑也是不錯的產品，但這種產品不易完全溶解，也很難揮發，一旦殘留，有可能對皮膚造成刺激。

## 四種漂白劑有何差異？

讓我們一起看看衣物漂白劑的各種特性，了解它們的漂白效果與可漂白的對象。

| 分類 | 氧化型漂白劑 | | | 還原型漂白劑 |
|---|---|---|---|---|
| | 氯系漂白劑 | 氧系漂白劑 | | |
| 成分名稱 | 次氯酸鈉 | 過碳酸鈉（碳酸鈉＋過氧化氫） | 過氧化氫 | 二氧化硫尿<br>硫化氫 |
| 形狀 | 液態 | 粉末 | 液態 | 粉末 |
| pH值 | 鹼性 | 弱鹼性 | 酸性 | 弱鹼性 |
| 可漂白的物品 | 可水洗的白色衣物（木棉、聚酯纖維、麻、壓克力纖維） | 可水洗的白色衣物、有顏色纖維（木棉、聚酯纖維、麻、壓克力纖維） | 可水洗的白色衣物、有顏色纖維（木棉、聚酯纖維、麻、壓克力纖維、動物毛皮、絹） | 可水洗的白色衣物（木棉、聚酯纖維、麻、壓克力纖維） |
| 無法漂白的物品 | • 無法水洗的衣物<br>• 有顏色和圖案的衣物、不耐鹼性的脆弱纖維（動物毛皮、絹）<br>• 金屬的鈕扣或拉鏈 | • 無法水洗的衣物<br>• 不耐鹼性的脆弱纖維（動物毛皮、絹）<br>• 金屬的鈕扣或拉鏈 | • 無法水洗的衣物<br>• 金屬的鈕扣或拉鏈 | • 無法水洗的衣物<br>• 不耐還原型漂白劑與鹼性的脆弱纖維（動物毛皮、絹）<br>• 金屬的鈕扣或拉鏈 |
| 漂白效果 | 非常強烈 | 強烈 | 普通～弱 | 只可用於氧化的黃斑、鐵鏽（效果不強不弱） |

**POINT**

了解氧化型、還原型漂白劑的特徵與效果之後，就能清楚該如何選購需要的產品。漂白劑的種類雖多，但成分幾乎都一樣，所以只要了解成分，就能在不同的用途應用。

洗滌化學的為什麼

Q8

# 每次洗衣服都加漂白劑，就能讓衣服保持潔白如新？

A8

- ☑ 不能每次洗衣服都加漂白劑，否則衣物會嚴重受損
- ☑ 動物性纖維的衣物盡量不要加漂白劑

正解秒懂！

損傷＞潔白

切勿每次洗衣都使用漂白劑！

## 漂白劑不可每次都加！要注意有標示「抗菌、除臭」的產品

「每次洗衣服都加漂白劑的話，不就能讓衣物保持潔白如新？」我知道大家為什麼會這麼想，但這其實大錯特錯！因為可讓T恤、襯衫這類衣物保持潔白的「氯系漂白劑」雖然有很好的漂白效果，但過於強烈的漂白效果也會讓衣物受損。若不希望衣物的纖維受損，最好別太常用漂白劑。即使是用效果不如氯系漂白劑顯著的氧系漂白劑，也不建議每次洗衣服都添加。

或許有人覺得，氧系漂白劑的效果較溫和，每天使用也沒關係，但無論效果是否溫和，氯系與氧系的漂白劑終究是漂白劑，時間一長，受損程度就會越來越明顯。如果你還和鹼性的洗衣精一起使用，效果可能會強得連衣服的顏色都被漂掉，所以使用時，一定要多加留意。

添加漂白劑的最佳時機就是「擔心晾不乾會有臭味」、「想徹底洗淨髒汙」的時候使用，而且偶一為之就好。最近市面上也出現一些預先添加漂白劑的洗衣精，這些加強抗菌與除臭效果的洗衣精，很多都使用了氧系漂白劑的「過氧化氫」，所以這些標榜抗菌或除臭的洗衣精也盡量不要每天使用。

Study

## 在動物性纖維上使用漂白劑，會讓纖維變得千瘡百孔……

使用漂白劑之際，有一點不得不多加注意，那就是與動物纖維的適用性。動物性纖維非常脆弱，遇到鹼性物質就會受損，所以最害怕強鹼的「氯系漂白劑」。這種漂白劑的氧化效果也很強烈，會危害脆弱的動物性纖維，使其變得更加脆弱。此外，含有「過碳酸鈉」的氧系漂白劑也屬於鹼性，所以也不太適用於動物性纖維。如同第91頁所述，「還原型漂白劑」也不適用於動物性纖維，所以也不建議使用。即使包裝標示著「適用於動物毛皮、絹和其他類似材質」，使用時也要多加注意。

基於上述，能於動物性纖維使用的只有添加過氧化氫的氧系漂白劑。這種呈弱酸性的漂白劑，比較適用於動物性纖維。只是，若為了去除斑點而使用，一樣會對纖維造成嚴重傷害，所以精緻衣物還是盡量拿去乾洗店，請專業人員幫忙去除，才是上上之策。

## 不能利用漂白劑清洗的衣物

漂白劑含有「氧化劑」、「還原劑」這類具有特殊化學反應的成分，所以也有不能以漂白劑清洗的衣物。第 93 頁已為大家整理成表格，在此則為大家進一步說明。

**動物毛皮（毛類）、絲綢、喀什米爾羊毛這類動物性纖維**

最理想的是不使用漂白劑，如果要使用，就只能使用酸性的氧系漂白劑（液態）。如果是局部的斑點，則建議使用局部去汙類型的漂白劑。基本上，乾洗才是最佳的對策。

**金屬的鈕扣或拉鏈**

金屬一氧化就會生鏽，有的一還原就會溶解，所以不管是哪種漂白劑都不適用。要漂白有金屬配件的衣物，就只能放在洗臉檯上，用局部去汙的漂白劑漂白。

**防曬、防紫外線材質的衣物**

「二乙氨基羥苯甲醯基苯甲酸己酯」這類紫外線吸收劑一旦氧化，就會轉成粉紅色，所以絕對不可使用氯系漂白劑。

---

POINT

動物毛皮或絲綢這類纖維脆弱的衣物通常很昂貴，所以一定要了解如何清洗，才能避免這類衣物的纖維受損。

洗滌化學的為什麼

Q9

# 柔軟精是好？還是壞？

A8

- ☑ 主成分是比洗衣精毒性更強的陽離子型成分
- ☑ 在纖維殘留的柔軟精會刺激肌膚

正解

秒懂！

柔軟精會進一步刺激肌膚，肌膚敏弱的人最好不要使用！

## 造成肌膚問題的元凶是少用柔軟精的理由！

洗衣精的主成分是帶負靜電的「陰離子界面活性劑」，那麼柔軟精的主成分到底是什麼？

其實柔軟精的主成分也是界面活性劑，只是這種界面活性劑是帶有正靜電的「陽離子界面活性劑」，利用正靜電中和纖維的負靜電，可讓纖維恢復彈性。

有些人或許柔軟精能讓衣服變得蓬鬆柔軟，所以對肌膚不會造成刺激。但是，最近越來越多皮膚科的醫生要求異位性皮膚炎或有肌膚問題的患者少用柔軟精，這是因為柔軟精的主成分「陽離子界面活性劑」是比一般洗衣精刺激性、毒性更強的成分，有不少皮膚問題的病例都是因為衣物使用柔軟精清洗所造成。洗衣精通常可用清水洗掉，但柔軟精很容易於衣物殘留，也容易造成肌膚問題。

Study

# 低刺激性的產品，在市場上瀕臨絕種

市面上的柔軟精產品以「醇酯類烷基銨鹽」這種成分為主流，這也是於 PART 1 介紹的抗菌成分之一，也就是「第四銨鹽」的一種。相較於當成抗菌劑添加的「苯紮氯銨」，毒性與生物可分解性都較弱，但仍然不太建議肌膚敏感的人使用。

某些柔軟精的成分其實也適合敏弱肌使用，例如「胺類烷基胺鹽」就是其中一種，但這種成分屬於「第三胺鹽」，也是低刺激型的陽離子界面活性劑。柔衣效果雖不及第四銨鹽，卻是對敏弱肌膚使用者也無害，能作為賣點的成分。此外，也可利用「雙性離子界面活性劑」來代替柔軟精。呈弱酸性的雙性離子界面活性劑具有微弱的柔衣效果，所以也有利用這種特性製作的低刺激型柔軟精。

只可惜不管是哪種類型的產品，在市面上都已瀕臨絕種。

## 當成柔軟精使用的界面活性劑

柔軟精添加了效果有別於洗衣精的界面活性劑，效果越強，對肌膚造成的負擔越大，使用之際務必多加注意囉！

### 對肌膚造成負擔的柔軟精成分

**醇酯類烷基銨鹽（陽離子型）**

這是第四銨鹽的一種，市售的柔軟精有九成都是這種成分。柔衣效果雖強，相對刺激性也高，也會使衣物吸水力下降。

**第四銨鹽（陽離子型）**

第四銨鹽有種類之分，所以這種包裝說明算是不清不楚。柔衣效果雖強，相對刺激性也高，也會使衣物吸水力下降。

### 不易傷害肌膚的柔軟精成分

**胺類烷基胺鹽（陽離子型）**

這種第三胺鹽的成分比較不傷害肌膚，但市面上幾乎買不到，柔軟效果也打折扣。

**陽離子烷基咪唑啉（雙性離子型）**

添加了呈酸性的雙性離子界面活性劑的成分，非常溫和，但柔衣效果也很弱。

---

**POINT**

陽離子界面活性劑較為刺激，在衣物上殘留的成分很可能會對肌膚造成刺激，也會使衣物的吸水力下降。肌膚敏感的人可選用低刺激性的產品，或是第 106 頁上介紹的冷洗精。

洗滌化學的為什麼

Q10

# 真的會因為汗水或刺激就「迸發香氣」嗎？

A10

☑ 有可能因為水分或刺激而散發香氣

☑ 也有不少人控訴香料有害健康

正解 秒懂!

的確會迸發香氣，卻也有健康上的疑慮

## 迸發香氣的關鍵在於「微膠囊」

最近有些人似乎把柔軟精當成香水使用，還認為這是一種時尚，而且這種柔軟精就是會在遇到汗水與刺激之後「迸發」香氣的類型。能在必要時刻迸發香氣的柔軟精，的確是劃時代的產品，但真的有這麼神奇嗎？

就遇到汗水產生反應這點而言，市面上的確有吸收水分，溶解香料成分的產品，或是透過刺激來強化香氣的產品。不過，之所以能迸發香氣，原理在於封住香氣的微膠囊；但就物理學的角度來看，洗衣服的時候、放入烘衣機烘乾的時候，以及日常的小動作都會造成刺激，所以實在很難說只有在必要的時候才迸發香氣，更何況還有人認為微膠囊的成分也具有毒性。

Study

# 吸入過多香料有害健康

除了前一頁介紹的「動感香氛型柔軟精」之外，近年來也出現專為添加芳香而生產的「芳香豆」產品，還因此引爆話題。只是，在這股追逐芳香的風潮之中，日本消費生活中心（類似公平交易委員會）與消費者廳也接到不少類似「鄰居洗好的衣物太香，讓人覺得不舒服」的申訴……。

柔軟精的香氣來自揮發成氣體的香料，由我們的鼻腔的嗅覺器官感受到。換言之，聞到香氣等同於讓化學物質侵入體內。有些人會因為其中的某些成分而過敏；有些人則會覺得不舒服。目前已有長時間吸入，危害健康的實例。

也有一開始覺得沒問題，但長時間吸收卻突感不適，甚至一直籠罩在大量香料底下生活，對健康危害甚大的疑慮。尤其是有寵物或小孩的家庭，更是應該選擇香料較少的產品。

## 案例頻傳的「香害」……香料的問題

人類會「聞到臭味」，是因為臭味來源的化學物質從鼻孔吸入體內的緣故。吸入體內的氣味和成分有可能會造成身體不適，而且這種所謂的「香害」也已成為社會問題。

抱怨柔軟精或芳香豆等刺激性氣味導致「香害」的例子越來越多。對氣味的感受因人而異；自己覺得很香，別人說不定覺得很臭。有些人甚至會因為體質關係而出現頭痛、眼睛癢或咳嗽這類身體不適的症狀。而且除了柔軟精之外，香水或其他的化妝品也會造成同樣的問題，還請大家多多提防。

---

**POINT**

這類產品的香氣非常濃烈，不只是使用者自己聞得到，別人也深受其害。所以最好別使用他人會覺得困擾的香氣，濃淡合宜的香氣才是最佳選擇。

洗滌化學的為什麼

Q11

# 該使用價格有點貴的冷洗精嗎？

A11

- ☑ 安全性&性價比都很高！
- ☑ 使用冷洗精，就不需要再使用柔軟精，不會傷害衣物，所以可清洗動物毛皮與絲綢這類材質

正解 秒懂！

除了頑強汙垢之外，都可使用「冷洗精」

Study

# 對皮膚零刺激，也不需使用柔軟精，經濟實惠的「冷洗精」

利用陰離子洗衣精洗完衣服後，應該有不少人會想利用柔軟精讓衣物恢復彈性，不然衣服一直緊繃繃的，讓人覺得很不舒服。可是，屬於陽離子界面活性的柔軟精又讓人擔心是否會對皮膚造成刺激，這時候最能推薦的就是「冷洗精」。

「冷洗精」的主要成分為「聚氧乙烯烷基醚」這類非離子界面活性劑，它不會讓衣服在洗完衣服後帶有靜電，而且能讓衣服保有良好的觸感與彈性，所以不需要額外再加柔軟精，也就不會對皮膚造成刺激，更不太會殘留。冷洗精雖然給人有點高貴的印象，但在日本五百毫升其實才五百日圓左右，又能省掉柔軟精的費用，可說是經濟實惠的選擇。

可惜的是，目前市面上還是會發現某些以「陰離子界面活性劑」為主成分的冷洗精。在日本，雖然冷洗精的定義還不確定，但要確定是否為真正的冷洗精，就看主成分是否為非離子型的界面活性劑。

Study

## 會直接接觸皮膚的貼身衣物與毛巾，才一定要使用冷洗精

不會對纖維造成傷害的冷洗精，連纖細的動物毛皮或絲綢都能清洗，而且對肌膚也很溫和，所以除了需要乾洗的衣物之外，貼身衣物或毛巾這類會與肌膚直接接觸的衣物，更是建議使用冷洗精清洗。

冷洗精本來就沒添加會對纖維造成傷害的成分，所以會刺激皮膚的酵素、柔軟精、漂白劑這類成分，就幾乎不會在衣物上殘留。洗衣精基本上都是低殘留性的產品，但非離子型的洗衣精殘留也不會造成刺激，如果是膚質敏弱的人、異位性皮膚炎患者或有小寶寶的衣物，就非常建議使用冷洗精清洗。

此外，以柔軟精清洗毛巾固然可讓毛巾變得蓬鬆柔軟，但也會在纖維表面形成一層油膜，導致毛巾的吸水力下降。不過冷洗精就不會有這個問題，所以毛巾仍可輕鬆地擦乾汗水或水滴，而且不會對纖維造成傷害這點，也能延長衣服或毛巾的使用壽命。

## 化妝工具的清洗方式

即使沒有購買專用的化妝工具清潔劑，但若使用冷洗精來代替，也能安全地洗淨化妝品刷具或海綿。

### 1 調配「冷洗精：熱水＝1：1」的混合洗淨液

### 2 讓刷子在洗淨液裡攪拌，洗掉附著的髒汙

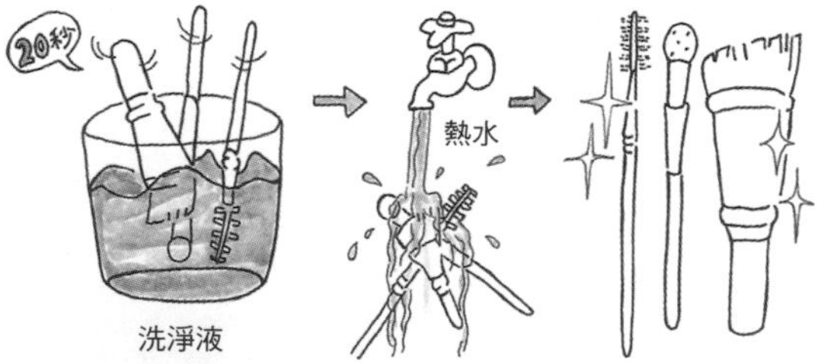


**海綿、粉撲的洗滌方式**
先把海綿與粉撲泡在洗淨液裡，雙手戴上塑膠手套後，直接搓洗。化妝工具也一樣以熱水沖洗、晾乾即可。

POINT

雖然化妝工具也有專用的清潔劑，但就成分考慮，冷洗精已非常夠用（而且冷洗精的品質比較好，又比較划算）。海棉、粉撲或刷子只要洗乾淨，就能讓肌膚保持潔淨。

洗滌化學的為什麼

Q12

# 冷洗精沒有缺點嗎？

A12

- 冷洗精沒有添加酵素，所以洗不掉臭味與蛋白質類的汙垢
- 有些汙垢必須與其他洗衣精搭配才能洗得掉

正解

秒懂！

冷洗精雖能應付尋常的汙垢，卻很難洗掉臭味與頑強的汙垢

Study

## 無法抗菌&除臭是一大缺點也很難對付蛋白質汙垢

不會傷害衣物，又不擔心殘留的冷洗精還是有些缺點，例如不太能洗掉蛋白質類的汙垢，洗完也很容易有異味。

由於未添加酵素或抗菌劑的冷洗精，幾乎不含有害生物的毒性，所以很難抑制雜菌繁殖。

浴巾、貼身衣物這類容易發臭的衣物，可利用漂白劑偶爾殺菌，彌補冷洗精在這方面的不足。殺菌則建議採用液態的氧系漂白劑，因為氧系漂白劑中的「過氧化氫」成分就是常用來消毒的「雙氧水」，所以也能替衣物除臭與殺菌（詳細的使用方法請參考下頁內容）。

此外，烘衣機或滾筒式洗衣機也能利用高溫殺死雜菌，達到防臭的效果，而且也不用擔心會有任何成分殘留。所以，若不在意從烘衣機衍生出的電費，這的確是對肌膚更為溫和的洗滌方式。此外，如果是太過頑強的蛋白質髒汙，則建議使用添加酵素的局部去漬劑清洗。

# 手邊有冷洗精的話，衣物就不用送洗……才怪！

有時候會聽到「有冷洗精，就不需要送洗」這類說法，但老實說，就算手邊有冷洗精，還是有一些衣物或頑垢需要送洗。

最近市面上出現了一些具有「乾洗模式」的洗衣機，導致有些人覺得冷洗精搭配乾洗模式就等於送洗的效果，但我必須說，這實在是天大的誤會。洗衣機的乾洗模式是攪拌力比一般洗程更弱的模式，與所謂的「乾洗」完全是兩碼子事。

乾洗是使用「化學溶劑」代替清水的洗滌方式，也因為不用清水，就比較不會傷害親水性較高的動物毛皮或絲綢這類纖維。反觀利用冷洗精清洗時，既會用到水，又是利用機械原理清洗，對衣物的傷害當然比送洗來得明顯。若是一點傷害都捨不得的寶貝衣物，建議還是交給乾洗店處理。

## 冷洗精的優點

一瓶非離子界面活性劑或雙性離子類型的冷洗精，就能搞定日常的洗滌。冷洗精大致上可舉出下列的優點。

**優點 1** 不易傷害纖維，可清洗動物毛皮或絲綢這類材質。

**優點 2** 殘留也不會對皮膚造成刺激，膚質敏感的人或有小寶寶的貼身衣物、毛巾都可使用冷洗精清洗。

**優點 3** 洗完後，衣物纖維觸感依舊蓬鬆並富有彈性，也不需要額外使用柔軟精。

### 如果在意臭味的話……

冷洗精沒有殺菌效果，所以建議衣物得每個月搭配氧系漂白劑（沖洗一次的類型）清洗一至二次。如果是異位性皮膚炎的患者，則建議以冷洗精再單獨清洗一次。如果有烘衣機，就連漂白劑也省掉了。

### 如果是頑垢的話……

可使用局部去漬劑（例如酵素型洗衣精或漂白劑），但必須徹底沖洗兩次以上。

---

**POINT**

日常的洗滌只需要一瓶冷洗精就能搞定，但臭味或頑垢則可視情況搭配其他洗衣精。能省掉柔軟精這點，可說是經濟實惠的方式。

KAZUNOSUKE USE

秒懂！

# 藉酵素之力，去除頑強汙垢

**item**

花王

## Ultra Attack Neo洗衣精

* 部分日本商品專賣店有販售、台灣花王官網有類似商品

**一之介的著眼點**

標榜洗淨效果的洗衣精，通常會以「直鏈烷基磺酸鹽」為主成分，但這在陰離子類型的產品之中，也是刺激性特別強烈的成分，所以不含這個成分的Ultra Attack Neo才值得推薦。

成分剖析

# 洗淨效果明顯的陰離子型洗衣精 零螢光劑這點也令人激賞

成分

- 界面活性劑（59%、高級乙醇類／陰離子）
- 高級乙醇類（非離子）
- 脂肪酸類（陰離子）、安定劑（二乙二醇丁醚）
- 鹼性劑
- 香料
- 酵素

官網公布的所有成分：

聚氧乙烯烷基醚硫酸鹽、聚氧乙烯烷基醚、水、二乙二醇丁醚、丙二醇、脂肪酸鹽、聚氧烷烴烷基醚、烷基胺鹽、檸檬酸鹽、香料、丙烯酸鹽聚合物、酵素、著色劑

**pH值：弱鹼**

ITEM 01

## 對肌膚與衣物稍微溫和的陰離子型洗衣精

想徹底洗淨汙垢，主成分為「陰離子界面活性劑」的洗衣精是最佳。不過陰離子型的洗衣精也分成很多種，建議選擇低殘留、低刺激的類型比較好。因為這些產品的主成分通常是較溫和的「聚氧乙烯烷基醚硫酸鹽」，最大的特徵在於洗淨效果顯著，纖維殘留性又低，而且不含「螢光劑」也是一大賣點。只可惜，還是含有微量的酵素、脂肪酸鹽、烷基銨鹽，這些容易殘留的成分。說到底，還是會對肌膚造成刺激。

KAZUNOSUKE CHOICE

秒懂!

# 利用局部去漬劑洗去重點髒汙

item

LION獅王

TOP

日本獅王 LION 衣領袖口酵素去污劑

* 部分日本商品專賣店、台灣獅王官網均有販售

**一之介的著眼點**

能在衣領或袖口的頑強汙垢上直接塗抹， 是這項產品的最大賣點。 也有利用蓋子將洗衣精倒在衣物的方式， 不過這種海綿刷頭類型的產品可以塗得更加均勻。

component

成分剖析

# 對於在衣領、袖口上附著的皮脂汙垢特別有效的酵素局部去漬劑

成分

- ☑ 界面活性劑（25%聚氧乙烯烷基醚）
- ☑ 安定劑 ☑ 鹼性劑
- ☑ pH 調整劑 ☑ 酵素

官網公布的所有成分：

「水、聚氧乙烯烷基醚、P-對甲苯磺酸、乙醇、聚乙二醇、醇胺、香料、酵素、黏度指數向上劑、烷基丙烯酸聚合物、氫氧化鈉」

**pH 值：弱鹼**

ITEM 02

## 直接塗抹，一掃局部頑垢
## 海綿刷頭造型好用有效

於衣領與袖口上附著的頑垢，其實是由身體分泌的油脂與蛋白質混合而成，這種複合性的汙垢一旦乾掉，一般的洗衣精就很難洗掉。此時，可分解這類汙垢的是「酵素」，加上這項產品就是添加「蛋白質分解酵素」的局部塗抹去漬劑，可透過酵素與「非離子界面活性劑」的雙重效果，有效分解洗淨衣領、袖口上的汙垢。雖然也有其他添加酵素的洗衣精，但能直接塗抹衣領與袖口這點，可說是非常實用。

KAZUNOSUKE USE

**秒懂！**

# 柔和的成分，不會對衣物與肌膚造成刺激

**item**

花王

## 防縮洗衣冷洗精

玫瑰花香

* 部分日本商品專賣店、台灣網站均有販售

### 一之介的著眼點

花王這款洗衣精是以不會傷害纖維與皮膚，非離子型洗衣精的成分製作。除了可用來清洗精緻衣物，也很適合清洗敏弱肌膚的人、小寶寶、兒童的衣物。洗好後，衣服不會緊繃，所以不需要另外搭配柔軟精，毛巾與內衣這類衣物的壽命也能相對延長。更意外的是，還能用來清洗「化妝工具」。

component

成分剖析

## 不傷害纖維與肌膚的非離子型洗衣精，如果是膚質敏感的人，就用這一瓶搞定日常洗滌

成分

- ☑ 界面活性劑（21%、聚氧烷烴烷基醚）
- ☑ 安定劑

官網公布的所有成分：

> 聚氧烷烴烷基醚（非離子界面活性劑）、水、聚氧烷烴烷基醚、乙醇、二乙二醇丁醚、丙二醇、檸檬酸鹽、苯氧乙醇、矽膠、胺類烷基胺鹽、防腐劑、香料

**pH值：中性**

ITEM 03

不會對肌膚造成刺激，也不需要搭配柔軟精！超方便的「冷洗精」

這款產品的主成分，是不對肌膚與纖維造成刺激的非離子型洗衣精，也沒有添加酵素與螢光劑，所以洗淨效果並不出色。不過，卻已足夠應付日常的衣物洗滌。由於不會對皮膚造成刺激，很適合用來清洗毛巾、內衣這類會直接接觸皮膚的衣物，而且也能去除化妝品的油汙，所以還能用來清洗化妝品刷具或化妝海綿（比市售的專用清潔劑成分更佳）。即使不搭配柔軟精，也不會把衣服洗得緊繃繃的，所以建議皮膚敏弱的人可使用這款產品應付日常的衣物洗滌。

KAZUNOSUKE CHOICE

秒懂！

# 零香料&有柔軟效果的好用類型

**item**

FAFA

## 熊寶貝抗菌防臭柔軟洗衣精

無香料

* 部分日本商品專賣店、台灣網站均有販售

### 一之介的著眼點

這款產品是以非離子型洗衣精為基底，雖然柔軟效果不太明顯，但無香料的配方很適合對香料反感的人使用。與前一款的花王產品一樣屬於非離子型洗衣精，洗淨效果不像陰離子型洗衣精強勁，只適合用來清洗乾洗衣物與日常汙垢，也添加了抗菌劑避免衣物發臭。

成分剖析

## 具有柔軟效果的非離子型洗衣精與無香料配方是賣點

成分

- ☑ 界面活性劑（13%聚氧乙烯烷基胺、聚氧乙烯烷基醚）
- ☑ 安定劑

官網公布的所有成分：

「水、聚氧烷烴烷基胺、聚氧乙烯烷基醚、抗菌劑、丙烯酸聚合物、脂肪酸鈉、界面活性劑、二乙烯三胺五乙酸五鈉、防腐劑」

ITEM 04

### 適合對香料反感的人選購的無香料非離子型洗衣精

這款產品的主成分為兩種非離子型洗衣精，其中的「聚氧烷烴烷基胺」是最令人注目的成分。這款產品雖是非離子型洗衣精，卻帶有輕微的陽離子性質，具有微弱的柔軟效果，所以比成分只有「聚氧乙烯烷基醚」的冷洗精更有柔軟效果。「無香料」這點也非常適合對香料反感的人使用，搭配抗菌防臭成分（成分名稱不明），就比一般的非離子型洗衣精更不易讓衣物發臭。只可惜，抗菌成分多少還是帶有刺激性。

漂白劑

KAZUNOSUKE USE

秒懂!

# 同時具有漂白&除臭除菌的效果

**item**

花王

## 豔色衣物濃縮漂白劑

EX Power

* 部分日本商品專賣店有販售、台灣花王官網有類似商品

### 一之介的著眼點

這款產品的主成分為「過氧化氫」，是可用於豔色衣物的液態氧系漂白劑，性質也較氯系漂白劑溫和，可用於大部分的衣物，也有除菌的效果。另一款噴霧狀的「強力衣物漂白噴劑」可用於去除局部頑強汙漬，建議兩種產品一起購買。

component

成分剖析

## 漂白劑的刺激性都很強！選擇氧系漂白劑可少點刺激

成分

- ☑ 過氧化氫（氧系漂白劑）
- ☑ 界面活性劑（聚氧乙烯烷基醚）
- ☑ 漂白活性化劑

官網公布的所有成分：

「水、聚氧乙烯烷基醚、過氧化氫、癸醯氧基苯磺酸鈉、烷基胺鹽、依替膦酸鹽、依替膦酸、香料」

**pH值：酸性**

ITEM 05

除了可讓衣物潔白如新，還能除臭除菌的漂白劑

在眾多漂白劑之中，用途最廣，在纖維的傷害與殘留性均低的，是以「過氧化氫」為主成分的液態氧系漂白劑。這款產品可用於豔色衣物與有圖案的衣物，也因為呈酸性，所以可用於動物性纖維。過氧化氫也是消毒劑「雙氧水」的主成分，所以可替衣物或洗衣槽消毒。同時兼具漂白、除臭與除菌這三項功能，是這款產品最方便的部分。順帶一提，商品名稱相同的「強力衣物漂白噴劑」基本上成分相同，可直接以噴霧的方式處理局部汙漬這點，也非常便利。

KAZUNOSUKE CHOICE

秒懂！

# 除了低刺激與不傷肌膚，還零香料

**item**

La Corbeille

## 有機衣物柔軟精

無香料

* 部分日本商品專賣店、台灣網站均有販售

**一之介的著眼點**

相較於大部分的柔軟精而言，這款以低刺激性的柔軟成分「胺類烷基胺鹽」為主成分的產品，相當適合給肌膚敏感的人使用，而且還是柔軟精之中少見的「無香料」類型，更是值得勸敗的賣點。

成分剖析

# 柔軟效果雖不突出，卻是對肌膚溫和的低刺激柔軟精

成分

☑ 界面活性劑（胺類烷基胺鹽）

官網公布的所有成分：

「官網未記載所有成分」

ITEM 06

低刺激且柔軟成分的配方！「無香料」更是勸敗的賣點

柔軟精之所以讓人擔心刺激性，是因為通常都以「醇酯類烷基銨鹽」這種陽離子第四銨鹽為主成分。儘管還是有對肌膚較不刺激的柔軟精，但數量實在有如鳳毛麟角般稀少，而這款產品正是其中之一。在主成分添加的「胺類烷基胺鹽」屬於第三胺鹽的胺酸類型，就是一種低刺激型的柔軟成分。雖然柔軟效果不比一般的柔軟精來得強效，卻足以消除令人不適的衣物緊繃感，也不太會影響吸水性。更重要的是，居然未添加任何香料。

柔軟精

KAZUNOSUKE CHOICE

秒懂！

# 低刺激&有柔軟效果也適合寶寶

**item**

FAFA

## Baby FAFA

熊寶貝嬰兒衣物可用濃縮柔軟精

* 部分日本商品專賣店、台灣網站均有販售

**一之介的著眼點**

這款是雙性離子型柔軟精的產品，雙性離子界面活性劑若偏鹼性，就帶有洗衣精的性質；若偏酸性就帶有柔軟精的特性。本產品便是利用這種性質製成的柔軟精，由於刺激性很低，所以可於嬰兒衣物使用。

component

成分剖析

# 雙性離子型柔軟精的刺激性雖低，卻一樣能讓衣物保持蓬鬆

成分

- ☑ 界面活性劑（陽離子烷基咪唑啉）
- ☑ 安定劑
- ☑ 香料（佛手柑精油）

官網公布的所有成分：

水、陽離子烷基咪唑啉、乙二醇、聚氧乙烯烷基醚、氯化鈣、聚氧乙烯烷基醚、依替膦酸、乙二胺四乙酸鈉、氧化防止劑、天然香草精油、牛奶神經醯胺

ITEM 07

不使用陽離子界面活性劑來達成低刺激性的要求，卻仍具有一定的柔軟效果

這款產品的主成分為「陽離子烷基咪唑啉」，它是將雙性離子界面活性劑調整酸性，使其帶有陽離子特性的成分。陽離子界面活性劑（尤其是第四銨鹽）仍有對皮膚造成刺激性的疑慮，所以以盡量別用在小寶寶的衣物上，但市面仍有九成的柔軟精都添加了這個成分。不過，這個產品為了適用於嬰兒衣物，便以雙性離子型作為主要成分，柔軟效果雖然略遜於一般的產品，但已足夠預防衣物洗後緊繃的問題，也不太會影響吸水力，即使殘留也比較不會刺激皮膚。

## 洗衣服能變得更簡單！

一般家庭只需「冷洗精」、「酵素洗衣精」和
「氧系漂白劑」（液態）這3種衣物清潔劑
就足以應付日常的衣物洗滌

我平常使用的洗衣精就是這 3 種，不太會另外搭配柔軟精或其他洗衣精。基本上，我所有衣物都只以冷洗精清洗，只有黏附到頑垢的衣物才以酵素洗衣精或漂白劑局部去漬。這種洗衣方式較不傷害纖維，所以我手邊甚至有用了長達10年的毛巾。

### 界面活性劑的真面目①

# 符合日本 PRTR 化學物質管理法的界面活性劑

日本「PRTR 化學物質管理法」是「規定業者必須記錄對人體健康、生態有害的化學物質的排放量，並將記錄交給政府，由政府進行統計與公開」的制度。

一些介紹清潔劑的個人部落格常出現「PRTR 化學物質管理法指定的界面活性劑帶有危險性，應該盡量少用！」的言論，但我想這是對這項制度的誤解。例如 PRTR 化學物質管理法將下列的界面活性劑列為第一種指定化學物質，但是這些界面活性劑都是清潔劑或化妝品的常見成分，若真是有害的危險成分，如此大量使用不是很奇怪的事嗎？

其實 PRTR 化學物質管理法不僅指定「有害的化學物質」，也有指定出「大量消耗，將造成環境負荷的化學物質」。這是因為，一旦界面活性劑的排放量過多，將對水中生物的生態造成傷害，所以才會要求業者針對用量較多的成分，提出排放量與移動量的記錄。

| PRTR 化學物質管理法指定的界面活性劑 | |
|---|---|
| 直鏈烷基磺酸鹽 | 十二烷基硫酸鈉（烷基硫酸鹽） |
| 十六烷基三甲基氯化銨（西曲氯銨） | 聚氧乙烯烷基醚 |
| 聚氧乙烯十二烷基醚硫酸鹽（烷基乙醚硫酸酯鈉） | |

界面活性劑的真面目②

# 界面活性劑的毒性與安全性

此外，也有意見指出，部分用於清潔劑的界面活性劑帶有毒性與危險。但是，只要正常使用產品，日常用品或化妝品的界面活性劑都不需要太擔心毒性與危險性。

儘管一九七〇年代，日本曾因現在已停用的幾種界面活性劑或添加物造成環境汙染，導致人們對界面活性劑的安全性產生疑慮。不過，經過各種安全性的研究之後，那些界面活性劑已被禁止在家用清潔劑或化妝品中添加。

許多書籍都記載類似「一旦誤飲直鏈烷基磺酸鹽（LAS）就會死亡」的例子，這個成分也的確如本書所述，是容易造成皮膚刺激的成分。不過「一旦誤飲就會死亡」的說法擺明是言過其實！這是因為LAS的急性毒性（LD50）大約在2000mg／kg左右，這代表一個體重50公斤的人，得一次喝下100公克才會死亡；就日常用品而言，這等同於一口氣喝下清潔劑濃度20％的洗碗精500毫升。這種意外不太可能在日常生活之中發生，也很難真的因為誤飲普通的清潔劑而死亡。

同理可證，其他成分也不太需要擔心因誤飲而死亡，或是誘發癌症與環境荷爾蒙的問題。不過，這些成分對皮膚還是會造成強烈刺激，所以避免直接接觸，特別是洗碗精，才是上上之策。

## PART.3

# 清潔的科學

## 「簡單安全的清潔劑與產品」

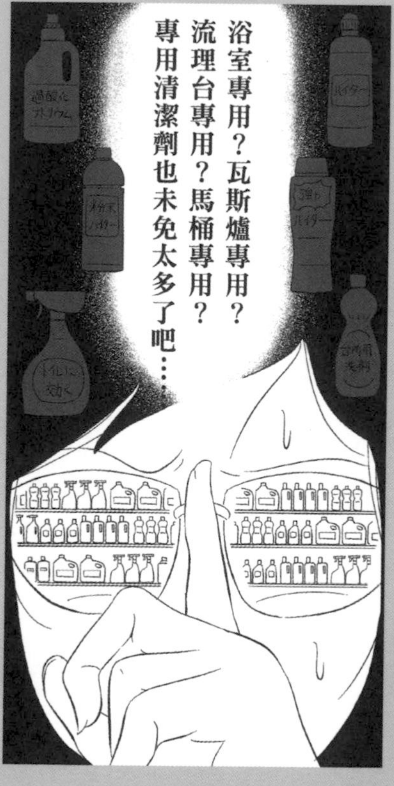
浴室專用？瓦斯爐專用？
流理台專用？馬桶專用？
專用清潔劑也未免太多了吧……

清潔化學的為什麼

Q1

# 用了浴室清潔劑，就可放著不理，不用再刷一遍？

今天第一次
只沖不刷……
好像有點危險，
乾脆讓老公先
試試吧……

A1

- ☑ 除了界面活性劑的效果，還是要仔細刷洗
- ☑ 不要選購陰離子型清潔劑，盡可能選購溫和的雙性離子型清潔劑

正解 秒懂！

比起放著不理，
用浴室清潔劑「仔細刷洗」才是上上之策

Study

## 噴一噴就OK、乾淨了？
## 浴缸清潔劑還是建議要刷洗

不知道是不是為了體貼辛苦刷洗浴室的主婦，市面上常有標榜「噴一噴，免刷洗」的浴室清潔劑，但我個人對這種產品是存疑的，因為清潔劑的主成分為界面活性劑，界面活性劑的效果不在分解與溶化汙垢，而是讓汙垢「剝落」。想像一下，就是界面活性劑先附著在汙垢的表面，再慢慢地滲透到汙垢的背面，最後再讓汙垢脫落，這種現象的專業術語為Rolling Up。

換言之，只在汙垢表面塗抹添加界面活性劑的清潔劑，卻不加以刷洗，是無法完全去除汙垢的！必須透過刷洗、振動或其他的刺激，來活化界面活性劑的效果。

不過「噴一噴，免刷洗」是一種「心機很深」的包裝標示，因為只要在旁邊加註「＊頑垢請用力刷洗」，就能堂而皇之聲稱「不需要刷洗」。所以，請大家務必記住，浴室清潔劑「要經過刷洗才能發揮最大效果」這件事。

Study

# 有浴缸的話，不要用陰離子型清潔劑，浴缸的清潔劑，以雙性離子型為最佳！

界面活性劑最受歡迎的成分就是「陰離子型界面活性劑」，其中的「直鏈烷基磺酸鹽」是沿用已久的浴室清潔劑主成分，不過我個人覺得這種成分不太適合用來刷洗日本的浴缸。

雖然最近的浴室清潔劑已變成容易沖掉泡泡的類型，界面活性劑的濃度也變得非常低，但想到後續還是要在放滿水的浴缸裡泡澡這點，個人就覺得要盡可能選用容易沖掉，或是殘留也不太會對肌膚造成刺激的成分。例如添加「脂肪酸醯胺甜菜鹼」這類「雙性離子界面活性劑」的浴室清潔劑，就是不錯的選擇。這種產品的洗淨效果雖不顯著，但若浴缸有每天刷洗的習慣，應該就足以應付了。

在浴缸放滿水後，陰離子型的清潔劑的確會被稀釋，但還是有造成刺激的疑慮。家中若有浴缸、愛泡澡，最好還是買雙性離子型的清潔劑來使用。

## 讓汙垢脫落的原理

要讓汙垢脫落，需要界面活性劑的協助。
讓我們一起了解界面活性劑究竟是如何讓汙垢脫落的吧！

### 1 於汙垢表面吸附

界面活性劑附著於汙垢表面。

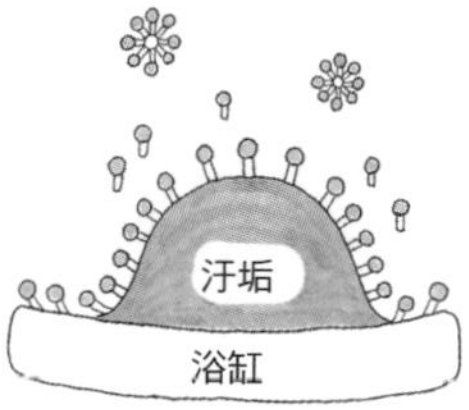


⇩

### 2 拉開汙垢

界面活性劑附著於汙垢表面。界面活性劑包住汙垢後，就能透過刷洗或沖水拉開汙垢。

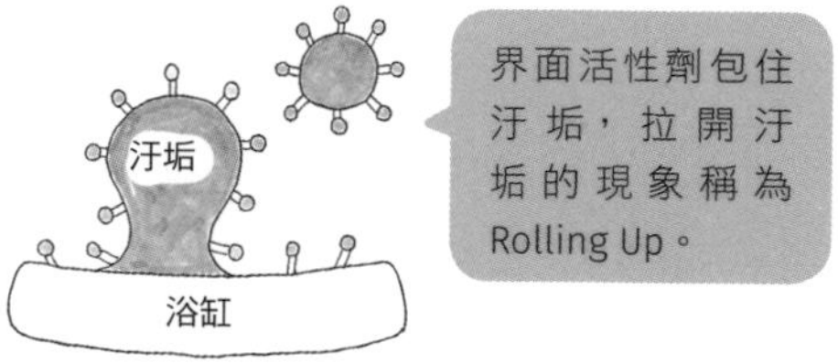


⇩

### 3 讓汙垢分解

被拉開的汙垢會被界面活性劑分解，汙垢也因為被界面活性劑包覆而無法附著在浴缸表面。

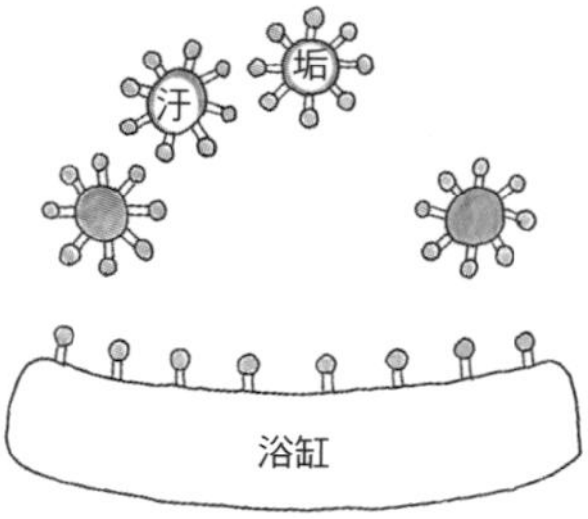


⇩

### 4 沖洗

再用水清洗乾淨即可。

參考資料：
日本石鹼洗劑工業會官方網站「汙垢脫落的過程」

---

POINT

界面活性劑去除汙垢的機制並非化學反應的溶解或分解，而是 Rolling Up，這是近似物理的剝離作用。要讓界面活性劑充分發揮洗淨效果，最好還是用力刷洗。

清潔化學的為什麼

Q2

# 什麼是浴室清潔劑的「螯合劑」呢？

A2

- 是封鎖會妨礙界面活性劑正常發揮效果的「金屬離子」
- 名稱聽起來雖然有點可怕，但其實也常用在食品上

正解秒懂！

是能提升界面活性劑洗淨效果的有效成分！

Study

## 水中的金屬離子
## 會降低界面活性劑的效果

從「螯合劑」有時會被標示為「金屬離子封鎖劑」這點就知道，螯合劑是一種能封鎖金屬離子的成分。一般用水中，常溶有鎂、鈣、鈉這類俗稱「礦物質」的各種金屬，這些金屬溶於水的狀態就稱為「金屬離子」。

其實，這類金屬離子具有降低界面活性劑發揮效果的特性，當界面活性劑的成分與金屬離子結合，清潔效果將大打折扣，尤其在石鹼上更是顯而易見。例如，遇到金屬離子含量較高的「硬水」，清潔劑就很難起泡。除了最受這種特性影響的石鹼之外，其他的界面活性劑也多少會受影響。

能緊緊抓住金屬離子，讓界面活性劑正常發揮效果的正是「螯合劑」。螯合劑能在金屬離子與界面活性劑結合之前，搶先一步抓住金屬離子，界面活性劑便能充分發揮原有的清潔效果。

Study

# 歐洲的水質是硬水，日本的水質是軟水

其實歐洲有部分地區禁止使用螯合劑，其原因在於EDTA（乙二胺四乙酸）或「依替膦酸」這類知名的螯合劑，很難自然分解（生物降解性很低）。這點或許會讓某些人擔心：「這種東西可以在日本使用嗎？」

歐洲的水質屬於金屬離子豐富的「硬水」，為了讓螯合劑充分發揮效果，通常會使用比日本更大量的螯合劑。但是，日本的水質與歐洲不同，是屬於金屬離子較少的「軟水」，所以極微量的螯合劑就足以發揮應有的效果，也能順利分解，當然也才得以在日本使用。

螯合劑最令人擔心的是對人體的影響，不過目前已有安全性極高的食用螯合劑，甚至出現了「螯合劑○○」的健康飲料。而且，最近也有不使用EDTA且生物可分解性極高的螯合劑正在開發中。

# 主要的螯合劑成分

螯合劑有時也會標示為「金屬離子封鎖劑」，
讓我們一起確認螯合劑都有哪些成分吧！

### 螯合劑成分

- EDTA（乙二胺四乙酸）
- EDTA-2Na、EDTA-2Na 這類成分
- 依替膦酸
- 依替膦酸四鈉
- 檸檬酸
- 檸檬酸鈉
- 葡萄糖酸
- 焦磷酸二鈉
- 磷酸鈉……與其他

「螯合劑」（chelate）的語源為拉丁語的 chela，意思是「蟹螯」，如下圖的樣子，能快速與金屬成分結合的部分，就像兩隻大蟹螯。由於能快速抓住金屬離子，便被當成螯合劑使用，而且它還比其他成分更優先與金屬離子結合，並且能緊緊抓住金屬離子不放。最為有名的螯合劑成分為 EDTA，而且在眾多成分當中被視為天然成分之一的「檸檬酸」，也具有螯合劑的效果。

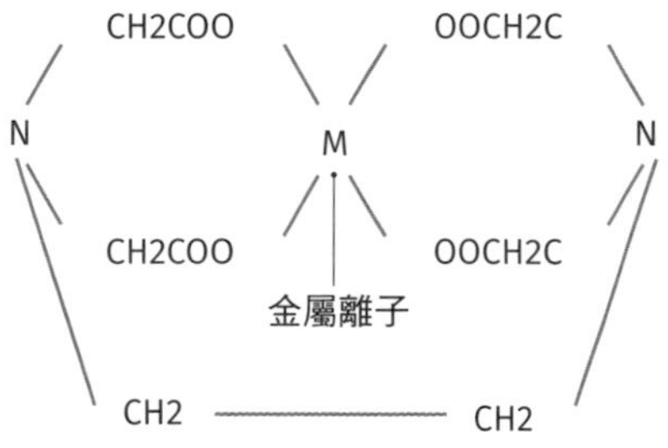


**EDTA的構造**

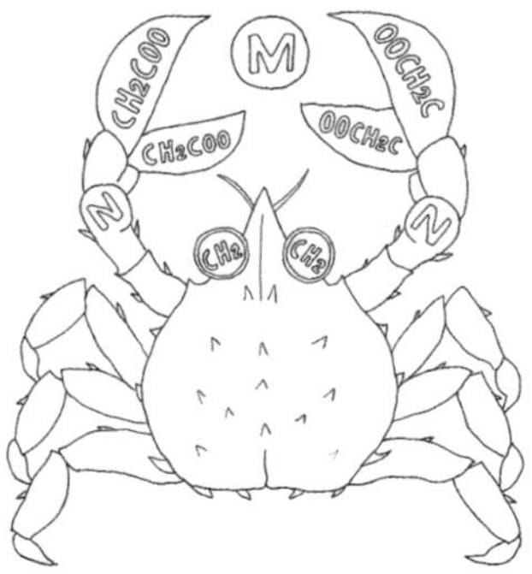


---

**POINT**

即使無法得知被稱為金屬離子封鎖劑的「螯合劑」全貌為何，但只要了解它的效果，就會知道它是非常方便好用的成分，而且也很常當成金屬髒污的清潔劑來使用。所以，大家不妨參考第 143 頁的說明，在打掃之際試用一下螯合劑吧！

清潔化學的為什麼

Q3

# 水垢、水鏽……這類浴室常見髒汙到底是什麼？

A3

- ☑「水垢」就是從自來水的金屬成分中，析出的成分
- ☑「水鏽」就是石鹼成分與金屬離子結合之後的產物

正解 秒懂！

浴室清潔劑以「弱酸性」或添加「螯合劑」的產品最理想！

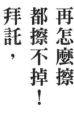

Study

# 水垢或水鏽都是因為「金屬離子」才產生！

大家應該都看過浴室的浴缸、牆壁和鏡子上，會黏著一點一點白色粉狀的汙垢吧？這些汙垢就是所謂的「水垢」或「水鹼」，而且這種汙垢其實很頑強，除了光用水淋不會脫落之外，用力擦也只能擦掉一點點，可以說是打掃浴室時的一大強敵。

這種不管怎麼刷洗，過一段時間又自動復活的頑垢其實就是前一頁所說，由「自來水的金屬成分」析出的成分。原理是：水分會蒸發，但金屬成分不會蒸發，所以才會留下這類白色粉末的汙垢。常於自來水添加的殺菌劑是次氯酸鈣，所以這種白色粉末的主成分就是「鈣」。

此外，另一種會在肥皂架周圍產生的白色粉末汙垢則稱為水鏽。這種水鏽是石鹼與金屬離子結合所產生的產物，正式名稱為「金屬石鹼」。石鹼溶於水是呈透明的，至於石鹼之所以會變得白濁，全因這個金屬石鹼作怪。

# 拿小蘇打或石鹼對付浴室汙垢沒用！

用石鹼或小蘇打對付浴室的汙垢。我知道，每個人都想使用純天然的成分，但是石鹼是造成水鏽的元凶，小蘇打（碳酸氫鈉）這類鹼性劑又含有金屬離子，而且也呈鹼性，所以對付金屬汙垢的效果當然略嫌不足。

水垢或水鏽這類潮溼環境特有的汙垢，通常是以鈣這類金屬為主成分，也因為這些汙垢屬於「鹼性」，所以最害怕能中和鹼性的「弱酸性清潔劑」。如同第136頁的介紹，能優先封鎖金屬成分的「螯合劑」就能有效對付這類頑垢；浴室專用清潔劑的主成分，常含有EDTA這類螯合劑。若不想使用清潔劑或螯合劑，也可利用稀釋的「檸檬酸」代替清潔劑。弱酸性的檸檬酸，也是具有螯合作用的成分。

這裡要特別注意的是，不要使

# 各種汙垢的洗淨方式

家裡的每個角落都有不同的汙垢，
讓我們看看哪些汙垢適合以哪些清潔劑對付吧！

## 各種去汙方法（住宅篇）

**• 黴菌（黑色、紅色）**

能分解黴菌中蛋白質的成分最為有效，例如強鹼的浴室魔術靈日本原裝去霉劑就相當有效。酵素類的清潔劑也有一定的功效。

• 推薦的去汙成分：浴室魔術靈日本原裝去霉劑（鹼性劑＋次氯酸鈉）、氯系漂白劑

**• 廚房汙垢**

大部分都是食用油的斑點或硬化的氧化油脂。一般的油脂汙垢可使用界面活性劑清洗，硬化的油脂汙垢可使用鹼性劑清洗。

• 推薦的去汙成分：石鹼、陰離子界面活性劑、雙性離子界面活性劑、碳酸氫二鈉

**• 香菸的焦油汙垢**

香菸的焦油汙垢，可用植物性樹脂來幫助溶解成有機溶劑。鹼性劑因為含有樹脂酸這類酸性物質，所以也有一定的去除效果。

• 推薦的去汙成分：無水乙醇、碳酸氫二鈉

**• 水垢、水鹼**

自來水的金屬成分為鹼性，以酸性清潔劑或螯合劑就能有效去除，鹼性清潔劑反而會讓水垢更為頑強，所以絕對不行。

• 推薦的去汙成分：檸檬酸、螯合劑、弱酸性的清潔劑

**• 水鏽**

肥皂架旁邊的白色汙垢，是自來水的金屬成分與石鹼結合之後的產物，以去除水垢的方式去除即可。

• 推薦的去汙成分：檸檬酸、螯合劑、弱酸性的清潔劑

**• 馬桶尿垢**

尿垢就是尿液裡的金屬成分，與色素一同硬化之後的產物，本質上與水垢一樣。較頑強的尿垢，可利用強酸的清潔劑刷洗。

• 推薦的去汙成分：檸檬酸、螯合劑、弱酸性的清潔劑、鹽酸

---

**POINT**

汙垢的種類有很多，只要了解清潔劑的成分，就能對症下藥，大幅縮短打掃時間。

清潔化學的為什麼

Q4

# 要去除浴室的黴菌，用什麼最有效？

什麼時候冒出來的？
沒我的允許，不准長出來！

A4

☑ 乙醇可以殺菌，但無法去除黴菌形成的髒汙

☑ 水煙式浴室防黴劑雖然好用，但不能說是「無害」

正解 秒懂

利用強鹼的「浴室魔術靈日本原裝去霉劑」，刨除黴菌的黴根！

## 利用噴霧類型的產品狙擊黴菌，放著不刷洗，黴菌就會滅絕

最能有效去除黴菌形成的髒汙，就是以次氯酸鈉為主成分的強鹼「浴室魔術靈日本原裝去霉劑」。黴菌是由蛋白質形成，一溶在強鹼中就會死掉，加上次氯酸鈉也有殺菌效果，更能以漂白效果讓黴菌形成的髒汙變白。

「浴室魔術靈日本原裝去霉劑」的成分與氯系漂白劑幾乎相同，最明顯的特徵就是，為了去除浴室的重點黴菌而做成噴霧型的產品。專為去除黴菌設計的「浴室魔術靈日本原裝去霉劑」與一般清潔劑的不同之處在於成分，放著不管，反而比用力刷洗更能浸入黴菌的根部。如果一噴就刷，反而讓黴菌有機會死灰復燃。

順帶一提，也有意見指出「乙醇」能有效去除黴菌。消毒專用的乙醇的確能殺死黴菌，但效果比強鹼的產品還弱，也可能無法從根部刨起黴菌，更何況還沒有漂白效果，所以也無法去除黴菌造成的汙垢。

Study

# 比次氯酸鈉還安全？「水煙式浴室防黴劑」的疑慮

「浴室魔術靈日本原裝去霉劑」主成分的次氯酸鈉，是效果非常強烈的藥品，一遇到酸性的清潔劑就會轉化成有毒的「氯氣」，使用時請務必提防這點。

水煙式浴室防黴劑是最近相當引人注目的商品之一，主要的原理是將銀離子摻進沸石，再讓這種特殊材質化為水煙，彌漫整個浴室，讓整間浴室都有抗菌效果。這可說是一項劃時代的產品，而且從廠商的資料得知，這項產品遠比次氯酸鈉來得安全。

不過一如第26頁所述，銀離子是非常不穩定的狀態，很難說是對人體完全無害。尤其，最近有人因為治療蛀牙的時候使用銀牙而感到身體不適，也有人對銀過敏，所以無法斷言這類水煙式產品完全無害，特別是體質容易過敏的人更是需要謹慎注意。

## 絕對不能混在一起！
## 鹼性 × 酸性清潔劑

大家是否看過浴室清潔劑的包裝寫著「不可混合使用，很危險！」的字眼？去除黴菌專用的「浴室魔術靈日本原裝去霉劑」與酸性清潔劑，是絕對不可混在一起的危險組合。為什麼這兩者混在一起會如此危險？讓我們說個分明。

漂白劑的「次氯酸鈉」水溶液若與鹽酸這類強酸物質混合，就會產生……

**黃綠色的有毒氣體「氯氣」。**

$$NaClO + 2HCl \rightarrow NaCl + H_2O + Cl_2\uparrow$$

| $NaClO$ | $2HCl$ | $NaCl$ | $H_2O$ | $Cl_2\uparrow$ |
|---|---|---|---|---|
| 次氯酸鈉 | 鹽酸 | 氯化鈉 | 水 | 氯 |

強鹼與強酸混合當然最危險，而且與弱酸物質混合，也一樣會產生有毒的氯氣。加上當作天然清潔劑使用的「檸檬酸」，即使只有 1%，pH 值也有 2.1 這麼酸，所以千萬要小心別與「浴室魔術靈日本原裝去霉劑」一起使用。

氯氣的毒性非常猛烈，光是曝露在濃度僅 0.043%（430ppm）的空氣裡 30 分鐘，或是吸入 0.1%（1000ppm）的氯氣幾分鐘，都有致死的可能性。即使濃度只有 0.004 ～ 0.006%，也有可能會誘發肺炎或肺水腫。

---

**POINT**

利用氯系「浴室魔術靈日本原裝去霉劑」去除黴菌之後，隔天再使用酸性清潔劑去除水垢，或者是改用螯合劑配方的中性清潔劑，才是比較安全的使用方法。

清潔化學的為什麼

Q5

# 除塵紙該買溼式還是乾式？

A5

- ☑ 溼式除塵紙會造成反效果？成分有可能會沉積，細菌也可能會繁殖
- ☑ 正靜電的汙垢就要利用負靜電的材質有效去除

正解 秒懂！

**地板就要利用乾式除塵紙擦拭！地板一旦潮溼，反而會造成雜菌繁殖**

Study

# 細菌只會在水中繁殖，溼答答的打掃方式會使細菌增生！

既可去除髒汙又能順便拖地的溼式除塵紙，真的很方便，但其實問題也一堆！溼式除塵紙不僅用水溼拖地板，也添加了「除菌劑」與「清潔劑」，但就是因為它不是化妝品，不用特別標示除菌劑與清潔劑的成分，所以沒人知道裡頭究竟添加了什麼。唯一知道的是，這類成分不易揮發，所以很可能在反覆擦拭後，慢慢地在地板表面沉積，家中若有小孩或寵物，最好是不要使用溼式除塵紙。

「鹼性電解水」這種聽起來是某種水的名稱，也似乎很安全，但有的產品會添加對皮膚有強烈刺激性的強性鹼性劑，所以使用之際也要特別注意（參考第81頁）。

雜菌沒有水就無法存活，所以只要夠乾燥，雜菌就沒機會繁殖。所以拖地時，不需要特別將地板弄溼，以免弄巧成拙，替雜菌打造了便於繁殖的環境。

一

Study

# 灰塵與頭髮可利用乾式除塵紙的靜電吸除

地板的汙垢通常是頭髮與灰塵，灰塵通常是由生物的皮屑、黴菌、跳蚤的屍體或生物的殘渣所組成，而且這類生物的體表物質通常都帶有正靜電。

帶正靜電的汙垢可利用負靜電吸附，這時「乾式除塵紙」就是具有這種靜電效果的產品。乾式除塵紙是由容易帶負靜電的「聚酯纖維」製作，所以可快速吸附地板上的汙垢，也具有吸油漬的特性，所以能快速去除油汙。

有些人會問，若要使用乾燥的材質打掃，何不使用衛生紙和面紙就好？衛生紙和面紙的材質是「纖維素纖維」（與棉是相同材質），所以很難帶有靜電，也無法吸附灰塵。

選購用來打掃頭髮或灰塵這類常見地板髒汙的產品時，不妨以產品的材質是否為「聚酯纖維」或「丙烯酸纖維」作為判斷標準。

## 各種材質的帶電表

靜電也可在打掃時派上用場！下列是各種材質的「帶電性」序列表，
離兩端越遠的材質越容易帶有靜電。

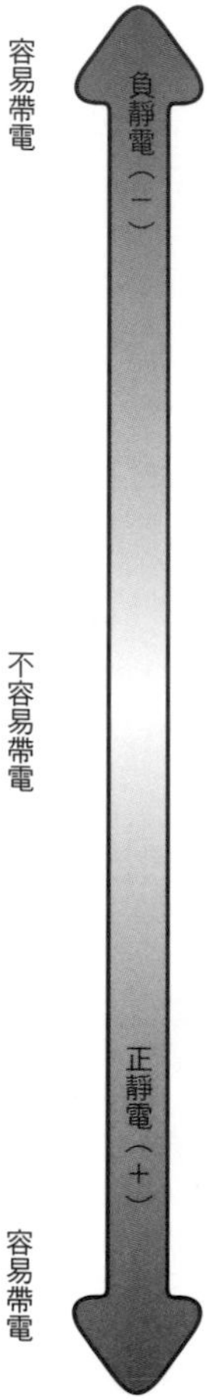


鐵氟龍
氯乙烯
玻璃紙
聚乙烯
胺甲酸乙酯
壓克力
聚酯纖維
聚丙烯
白金
聚苯乙烯
橡膠
黃金
鎳
銅
銀
硬橡膠
鉻
紙
鋁
醋酸鹽
鋅
玻璃纖維
人類或生物的皮膚
木材
麻
木棉
絹
鉛
人造絲
尼龍
羊毛
玻璃
人類毛髮、皮毛
空氣

### 帶電列

這是將材質帶電性做排序之後的樣子，越接近兩端的材質，越容易帶有靜電。

順帶一提，帶負靜電的纖維容易對肌膚造成刺激，所以衣服最好挑選容易帶正靜電的天然纖維（毛、絹、棉）、人造絲、尼龍的材質，也能阻絕冬天常見的靜電。

POINT

「聚酯纖維」或「丙烯酸纖維」的除塵紙能輕鬆吸附帶正靜電的頭髮或灰塵，若不另外安裝專用的拖把，還可直接拿來擦掉桌面上的灰塵。

清潔化學的為什麼

Q6

# 該如何徹底去除廚房髒汙？

A6

- ☑ 油汙不是難以去除的汙漬，比起清潔劑的選購，定期清潔才是重點
- ☑ 鹼性劑會傷害皮膚，儘量只用來去除硬化的油漬

正解秒懂！

油汙會變得頑強，都是長期不處理造成的
平常就養成以溫和的清潔劑保持乾淨的習慣

Study

# 廚房的汙垢就是油脂，硬化的油漬要以鹼性劑去除

最能代表廚房汙漬的莫過於油汙。油汙常給人黏黏油油，怎麼刷都刷不掉的印象，其實它的真面目就是「食用油脂」。油有很多種，在廚房使用的油只有食用油脂。

若只是平常煮飯所產生的油汙，只要用抹布沾點不傷手的雙性離子型家用清潔劑，就能輕鬆擦掉，完全不需要洗淨效果更強的清潔劑。若行有餘力，建議大家每次用完廚房都打掃一遍。

油汙之所以會變得頑強，難以去除，純粹是因為長期放著不管，進而被空氣氧化所致。若惡化到這個地步，太過溫和的界面活性劑就拿它沒輒，必須出動鹼性劑才能處理。即使是頑強的油垢，通常都能利用鹼性劑產生水解反應來去除，但這種反應會需要一定強度的鹼性，所以最好準備碳酸氫二鈉或碳酸鈉。

Study

## 廚房汙垢不能使用「小蘇打」，廚房清潔劑的刺激性比小蘇打還低

最近似乎流行「清潔劑（界面活性劑）不是好東西」這種概念，所以有些人面對不太頑強的油漬，也偏愛使用「小蘇打」或「碳酸氫二鈉」處理。如同下頁的說明，這些鹼性劑就算是天然清潔劑，也是「碳酸氫鈉」或「碳酸鈉」這類化學成分。

也就是說，小蘇打的主成分為碳酸氫鈉，不太容易溶於水，所以作為鹼性劑的效果也不明顯，只能算是粉末狀的研磨劑，不太適合處理廚房的油汙。由碳酸鈉與碳酸氫鈉混合而成的碳酸氫二鈉，效果則會強一點，可去除一定程度的硬化油漬。不過，即使只有一點點沾附在手上，仍會導致皮膚表面溶解。

效果更強的碳酸鈉完全不適合徒手使用。建議多用可徒手接觸的雙性離子界面活性劑來清潔，少用會傷手的鹼性劑。

## 天然清潔劑成分一覽表

利用天然的成分打掃吧！基於這個想法應運而生的東西是「小蘇打」與「碳酸氫二鈉」、「碳酸鈉」、「過碳酸鈉」、「檸檬酸」，讓我們整理一下這些成分的性質吧！

### 小蘇打

**碳酸氫鈉** pH＝8.2

微鹼性的鹼性劑。不易溶於水，作為鹼性劑的清潔效果也不明顯，反而**比較適合當成研磨劑使用**。雖然不易造成手部肌膚的刺激，但洗淨效果也不強。

### 碳酸氫二鈉

**碳酸鈉＋碳酸氫鈉** pH＝9.8

這是小蘇打與碳酸鈉的混合物。輕微的水解效果對**油漬**有一定程度的功效，對皮膚也有輕微的刺激性。

### 碳酸鈉

**碳酸鈉** pH＝11.2

略強的鹼性劑，倒在**油漬**表面可產生輕微的水解作用，對油漬有一定程度的效果。對皮膚有輕微的刺激性。

### 過碳酸鈉

**過碳酸鈉** pH＝10.5

這是在碳酸鈉添加氧系漂白劑的「過氧化氫」產品。過氧化氫的氧化效果會因鹼性而提升，所以會成為**效果更強的氧系漂白劑**，但對皮膚與黏膜的刺激性也很高。

### 檸檬酸

**檸檬酸** pH＝2.1

這是水果也有的酸性成分，可利用酸性中和鹼性金屬的頑垢，也具有螯合劑的效果，所以最適合去除**水垢**。刺激性較醋酸低，而且無臭，但對眼睛的刺激性很高。

### 醋

**醋酸** pH＝2.4

食用醋的主成分，**使用方法與檸檬酸一樣**，但不具螯合劑效果，也具有揮發性與異臭。雖然濃度不高，刺激性也跟著變弱，卻不是真的不具刺激性。對眼睛的刺激性很高。

* pH 值全部是 1%、25℃時的數值

---

**POINT**

這些成分都能或多或少去除廚房的頑強油垢，卻也因為強調天然而未使用在常見的清潔劑裡。由於清潔效果不佳或是容易造成手部肌膚的刺激，建議大家截長補短，靈活地運用這些產品吧！

清潔化學的為什麼

Q7

# 浴廁清潔劑該挑選專用的清潔劑嗎？

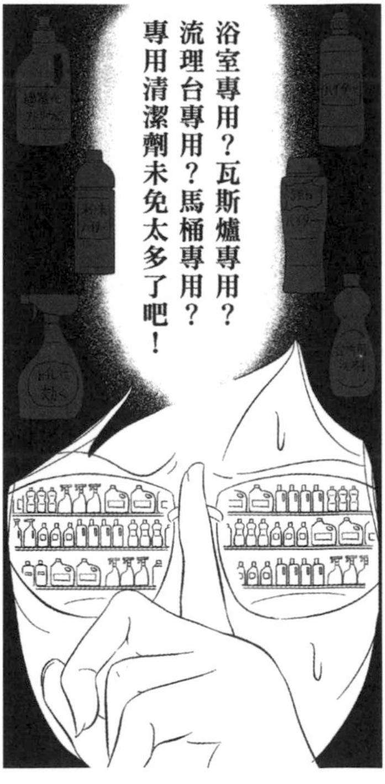
浴室專用？瓦斯爐專用？
流理台專用？馬桶專用？
專用清潔劑未免太多了吧！

A7

- 廁所與浴室一樣，建議使用弱酸性的清潔劑
- 與皮膚直接接觸的馬桶，該選用低刺激性的清潔劑打掃

正解 秒懂！

利用裝置式清潔劑常保乾淨，尿垢就使用酸性清潔劑處理

## 廁所的汙垢就用酸性清潔劑打掃，裝置式清潔劑能預防汙垢附著

常會積水的廁所，是喜歡潮溼環境的雜菌最容易繁殖的場所，例如積水的邊緣就常出現紅黴菌。近來已有安裝在馬桶內部的按壓型清潔劑，以及設置在水箱出水口的清潔劑，所以馬桶能隨時保持乾淨，雜菌也不易繁殖，汙垢也就不容易附著。而且，這兩種清潔劑都是以不對人體造成影響的成分製作（只是要考慮能否接受香料的味道）。

馬桶黃垢的成分為「尿石」，是尿液的鈣與其他含有黃色色素的成分固化而成的汙垢。換言之，就是鹼性的汙垢，所以可利用處理浴室水垢的「酸性清潔劑」或「螯合劑」去除，這也是為什麼浴室清潔劑與馬桶清潔劑的成分幾乎相同，雙方可互相取代的理由。

浴室整體不需要特別準備兩種清潔劑。如果尿垢太厚，可利用強酸的清潔劑徹底清除，但這類清潔劑的主成分通常是強酸的「鹽酸」，使用時務必多加注意。

Study

## 馬桶&地板打磨機可使用雙性離子型的溼式除塵紙來打掃

雖然在Q5曾建議利用乾式除塵紙拖地，但廁所可就另當別論，因為廁所的地板或馬桶通常會殘留尿液，所以不太建議使用乾式除塵紙來打掃。

廁所的地板或馬桶最好使用方便擦拭的溼式除塵紙，因為這類商品含有清潔成分，比較容易去除汙垢。其中，最推薦的就是添加「非離子界面活性劑」的類型，因為非離子界面活性劑是不會傷害皮膚的低刺激性成分，所以碰到也不用擔心。

市面上也有添加陰離子界面活性劑的清潔劑，或含有鹼性劑的除塵紙，但這些成分都很可能對皮膚造成傷害。假如溼式除塵紙要直接用來擦拭馬桶，或是用手接觸，還是盡可能選擇刺激性較低的成分比較好。此外，也要選擇可直接丟進馬桶沖掉的類型，否則就很可能害馬桶塞住。

## 在馬桶上「只需裝置」、「只需按壓黏貼」安裝清潔劑的原理

馬桶清潔劑之中，也有只需「裝置式」、「按壓式」的設置型清潔劑。為什麼只要設置這類清潔劑，就能讓馬桶保持乾淨呢？讓我們簡單地説明這類產品的原理吧！

**基本原理**

清潔劑溶液（表面活性劑溶液）會慢慢溶出，讓鹼性的尿石難以附著。由於清潔劑溶液會自動積成一灘，打掃時，不需使用其他清潔劑也能輕鬆刷洗。

### 裝置式

只能用於有水箱的馬桶

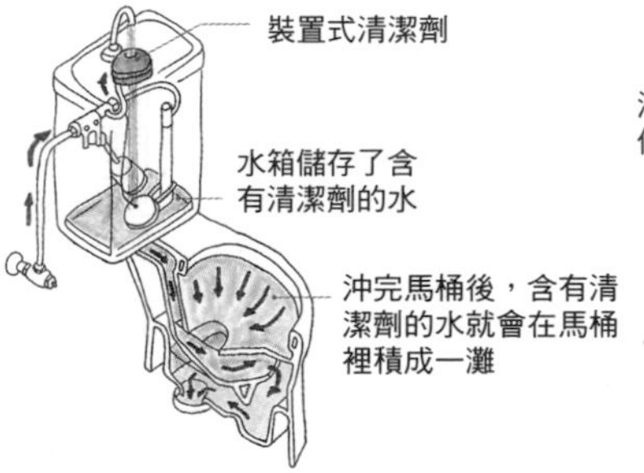

裝置式清潔劑
水箱儲存了含有清潔劑的水
沖完馬桶後，含有清潔劑的水就會在馬桶裡積成一灘

**優點**

- 含有清潔劑的水能均勻分布於馬桶

**優點**

- 只能用於有水箱的馬桶
- 可能有礙馬桶設計的美感

### 按壓黏貼式

可用於沒有水箱的馬桶

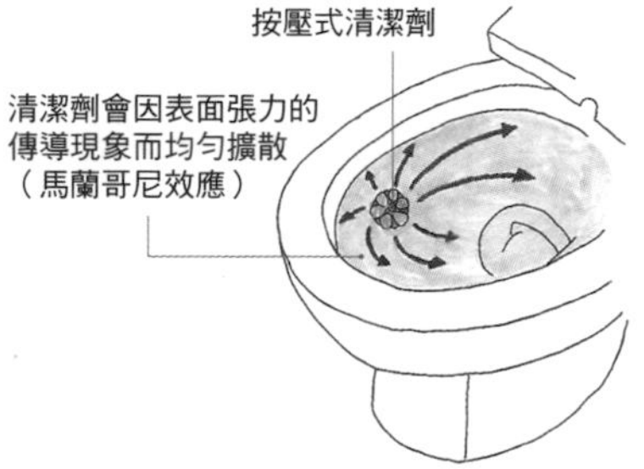

按壓式清潔劑
清潔劑會因表面張力的傳導現象而均勻擴散（馬蘭哥尼效應）

**優點**

- 沒有水箱的馬桶也能設置
- 不太礙眼，無損外觀

**優點**

- 雖然會因馬蘭哥尼效應而均勻擴散，但難免不夠均勻

* 馬蘭哥尼效應：界面活性劑與高濃度溶液以及純水接觸時，界面活性劑均勻擴散的現象。

---

**POINT**

各種裝置式清潔劑也有芳香劑的效果，但洗淨效果還是比較顯著。得要從平日就避免尿石堆積，日常的打掃就會輕鬆許多，所以請大家根據馬桶的類型選擇適當的產品喲！

清潔化學的為什麼

Q8

# 菸垢是什麼？該怎麼去除？

這兩瓶哪裡不一樣？有誰可以教教我？

A8

- ☑ 菸垢的主成分是焦油（植物性樹脂）
- ☑ 硬化的樹脂很難以界面活性劑去除

正解 秒懂！

硬化的植物性樹脂汙垢，得使用「無水乙醇」或「鹼性劑」去除

## 菸垢的真面目是「焦油」，硬化的樹脂超級黏稠

菸垢其實就是香菸裡的「焦油」，是一種樹脂狀的油性物質，一般認為主成分是「樹脂酸」這類酸性物質與酯類。由於是硬化的油性物質，所以很難只以界面活性劑去除。

對付菸垢的方法主要有兩種，一種是利用「鹼性劑」溶解菸垢的樹脂酸，不過鹼性劑至少得是碳酸氫二鈉這類鹼性夠強的種類。將鹼性劑倒入水裡，再以噴霧的方式噴在菸垢表面，菸垢就比較容易擦掉。

但是，樹脂酸不過是菸垢的成分之一，光用鹼性劑應該還是無法徹底去除。

如果除汙效果不夠顯著，不妨改用下一頁介紹的無水乙醇，或是以鹼性的氧系漂白劑（過碳酸鈉）來漂白，只是這有可能會在牆壁留下菸垢去除後的痕跡。

Study

## 菸垢也可利用有機溶劑對付，「無水乙醇」可輕鬆對付菸垢

目前已知，菸垢的樹脂成分可被「有機溶劑」溶解。平日常見的有機溶劑為「無水乙醇」，或是去光水的「丙酮」。另外，電視節目裡常介紹的「橘子皮」也是很好用的打掃工具，這是因為橘子皮含有「檸烯」這種在有機溶劑中會有的成分，所以能去除油垢與頑垢。不過，不管是丙酮還是檸烯，都會讓塑膠或壁紙溶化，所以最好用的還是「無水乙醇」。無水乙醇可在藥局購買，而且還很便宜，加水還可用來消毒。

無水乙醇作為有機溶劑的溶解效果雖然不強，卻不會害壁紙溶化，所以可放心使用。另一項優點是容易揮發與乾燥，對人體的毒性也很低。

話說，有些太過頑強的菸垢可能無法只憑乙醇去除，此時建議搭配鹼性劑或其他溶劑，聯手擊退頑強的菸垢吧！

# 去除菸垢的方法

為大家解說去除頑強菸垢的方法。

**原因**

**焦油** 焦油是植物性樹脂，含有「樹脂酸」與「酯類」這些成分。

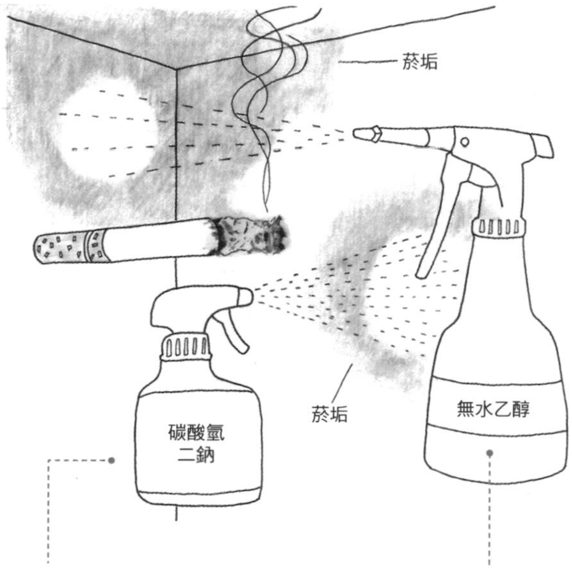


### 1 鹼性劑

這是讓樹脂酸溶解，進而去除菸垢的方法。要讓樹脂酸溶解，至少得是碳酸氫二鈉的鹼性。碳酸鈉的漂白效果較高，使用時要多加注意。

### 2 無水乙醇

這是讓樹脂成分溶解在有機溶劑的去除方法。不過，丙酮或檸烯會讓壁紙溶化，所以改用無水乙醇會比較方便。

POINT

菸垢是凝固的樹脂油汙，也是非常頑強的汙垢，可利用鹼性劑或有機溶劑去除。但是這兩種溶劑的組合有很多，有的漂白效果太強，有的卻太弱，所以請務必思考要如何搭配使用。

KAZUNOSUKE USE

秒懂！

# 可去除水垢、水鏽，又屬低刺激性的產品

**item**

花王

## 魔術靈

浴室泡沫清潔劑

* 部分日本商品專賣店、台灣網站均有販售

**一之介的著眼點**

主成分為雙性離子型的脂肪酸醯胺甜菜鹼，洗淨效果非常溫和，濃度7%也不算太高，沖洗後，不易殘留都是優點。添加比例較高的螯合劑，更能讓你輕鬆去除水垢汙漬。

component

成分剖析

# 雙性離子型清潔劑+螯合劑
## 可溫和地去除水垢汙漬

成分

- ☑ 界面活性劑（7%脂肪酸醯胺甜菜鹼）
- ☑ 穩泡劑、 金屬離子封鎖劑

官網公布的所有成分：

「水、二乙二醇丁醚、乙二胺四乙酸鈉、脂肪酸醯胺甜菜鹼、聚氧乙烯烷基醚、烷基乙醚硫酸酯鈉、苯紮氯銨、純石鹼（脂肪酸鈉）、檸檬酸鈉、香料、著色劑」

**pH值：中性**

ITEM 01

### 主角居然是出乎意料的「螯合劑」這是能徹底去除浴室髒汙的理由

這款產品的洗淨成分為界面活性劑的「脂肪酸醯胺甜菜鹼」。這種成分屬於雙性離子型的清潔劑，比較不會對肌膚造成刺激，洗淨效果也很溫和。雙性離子界面活性劑通常呈弱酸性，會帶有柔軟精的性質；這款日本魔術靈雖是中性，依舊能有效去除浴室的水垢、水鹼。之所以能有如此效果，必須歸功於添加比例略高的「螯合劑」（乙二胺四乙酸鈉），螯合劑的金屬離子封鎖效果，可讓自來水裡的金屬成分或水鏽轉換成水溶性，也就能輕易用水沖掉。

item

花王

## 魔術靈

日本原裝去霉劑・噴槍瓶

* 部分日本商品專賣店、台灣花王官網均有販售

KAZUNOSUKE
USE

秒懂！

# 強力殺菌效果與漂白效果，能有效去除黴汙

### 一之介的著眼點

浴室與潮溼場所的打掃工作，靠這一瓶去霉劑就搞定！去黴力最強的組合就是「鹼性劑＋次氯酸鈉」；這款產品的泡泡非常持久，所以能將黴菌連根刨除。

component

成分剖析

## 比界面活性劑更好用的是「次氯酸鈉」其實，這就是漂白劑的成分

成分

- 次氯酸鈉、 氫氧化鈉（0.5%）
- 界面活性劑（烷基氧化胺）
- 安定劑

官網公布的所有成分：

水、次氯酸鈉、二甲苯磺酸鈉、烷基氧化胺、純石鹼、直鏈烷基磺酸鹽、聚乙二醇硫酸鈉、氫氧化鈉、香料

**pH值：鹼性**

ITEM 02

### 強鹼與次氯酸鈉，可連根刨除黴菌

這款產品的主成分為「次氯酸鈉」，也添加了界面活性劑，但只要主成分是次氯酸鈉，界面活性劑有多麼溫和，意義其實不大。

在家庭用品的藥劑之中，次氯酸鈉是效果最強的「氧化劑」，白色衣物專用的漂白劑也是這個成分。

這款產品以破壞色素的方式來殺死黴菌，同時也能漂白黑黴菌造成的汙漬，坐收一舉兩得的效果。

KAZUNOSUKE
USE

秒懂！

# 只要預防尿垢形成，任何廁所都能乾乾淨淨

item

Johnson莊臣

Scrubbing Bubbles

馬桶清潔除臭凝膠

* 部分日本商品專賣店、台灣網站均有販售

## 一之介的著眼點

其他公司也有生產裝置式馬桶清潔劑，但有些產品只適用於有水箱的馬桶，所以這種不受馬桶款式限制的「凝膠型清潔劑」相當具有優勢。弱酸性的覆蓋層可防止尿垢形成，也可透過擴散的馬蘭哥尼效應，避免髒汙附著於馬桶表面。

component

成分剖析

## 預防尿垢形成的弱酸性覆蓋層，可避免髒汙在馬桶表面附著

成分

☑ 水 ☑ 聚氧乙烯烷基醚 ☑ 甘油
☑ 香料 ☑ 聚乙二醇 ☑ 聚合物
☑ 礦物油

**pH值：弱酸性**

ITEM 03

要預防尿垢形成，就需要「弱酸性」
要保持廁所清潔，就靠日常的努力

這款產品雖無法用來打掃整間浴室，但馬桶有沒有用這款產品，髒汙程度可是大不同。馬桶的內壁若能常保弱酸性，就能預防由尿液中的金屬成分凝結而成的「尿石」堆積。這項產品透過「馬蘭哥尼效應」讓非離子型清潔成分的聚氧乙烯烷基醚均勻擴散，所以只要沖水，馬桶內壁就會被含有弱酸性聚合物的清潔液覆蓋，尿垢也就難以附著。

KAZUNOSUKE USE

秒懂！

# 低刺激，不傷肌膚才安心

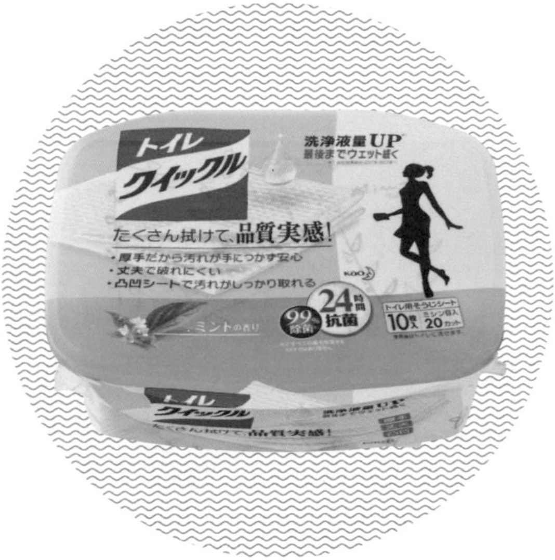


**item**

花王

## 廁所馬桶快速99%除菌紙巾

* 部分日本商品專賣店、台灣網站均有販售

**一之介的著眼點**

打掃廁所或馬桶時，通常都會徒手接觸清潔用品，所以這些產品必須是不會對手部肌膚造成明顯刺激的成分。本產品採用的就是非離子型清潔劑的「烷基聚葡萄糖苷」，而且（在日本）能直接丟進馬桶沖掉這點也令人激賞。

component

成分剖析

## 溫和的非離子型界面活性劑與除菌劑 利用簡單的成分保持馬桶的乾淨、清潔

成分

- 界面活性劑（烷基聚葡萄糖苷）
- 醇醚類成分
- 安定劑
- 除菌劑

紙材：☑ 木漿面膜紙

ITEM 04

### 徒手接觸也不乾澀 坐在上面也不會發癢的優質成分

快速除菌紙巾可擦拭簡單的汙漬，也可在浴廁大掃除的時候，用來擦拭馬桶、馬桶蓋、廁所地板，是一項以方便、萬能為賣點的產品。

我自己長期使用這項產品，徒手使用之後並沒有特別覺得有什麼乾澀感，而且主成分還很溫和，用來擦拭會與肌膚直接接觸的馬桶蓋也沒問題。

非離子型界面活性劑的「烷基聚葡萄糖苷」屬於刺激性極低的清潔成分，所以每次使用時不需要都戴手套隔絕。

KAZUNOSUKE USE

秒懂！

# 不知道該怎麼挑的話，就選這個！應付家中大小髒污

**item**

花王

## 簡單 My Pet

* 部分日本商品專賣店、台灣網站均有販售

**一之介的著眼點**

能快速去除廚房油垢的這項產品為弱鹼性，採用的是寵物舔到也沒關係的雙性離子型成分，這當然是值得推薦的重點之一；另外，高濃度的乙醇也具有超群的揮發性。除了廚房，舉凡桌子或玩具，都可利用它來除菌。

component

成分剖析

## 主成分為雙性離子型界面活性劑
## 就算家裡有寵物，也能安心使用

成分

- ☑ 界面活性劑（0.2%烷基氧化胺）
- ☑ 穩泡劑

官網公布的所有成分：

「水、乙醇、醇醚類成分、烷基氧化胺、烷基聚葡萄糖苷、苯紮氯銨、乙醇胺、檸檬酸鹽、香料」

**pH值：弱鹼**

ITEM 05

只要這一瓶，打掃有效率！
日常汙垢就靠它My Pet

由於廚房汙漬通常是油垢，所以利用弱鹼性清潔劑就能有效率地清除。但若擔心寵物或小朋友會不小心舔到，可選擇以雙性離子型界面活性劑（烷基氧化胺）為主成分的產品（頑垢請參考第153頁的做法，另外準備一瓶鹼性劑）。除了廚房之外，餐桌、小朋友的玩具都可利用這款產品來除菌。

這款產品也可用來擦拭窗戶、鏡子或是日常的汙漬，用起來都非常得心應手。

KAZUNOSUKE USE

秒懂！

# 藉靜電之力將地板擦得亮晶晶

item

花王

Quick Wiper

立體吸附除塵紙

* 部分日本商品專賣店有販售、台灣花王官網有類似商品

## 一之介的著眼點

優點非常多的乾式除塵紙可不容小覷喲！這款產品可利用靜電「咻～」地吸附地板的汙垢，而且不會殘留任何化學成分，不會對寵物或小孩子造成任何傷害，也不用擔心會擦掉地板上的蠟，更不會因為溼拖地板而造成雜菌繁殖。

component

成分剖析

# 地板的髒汙通常帶正靜電，可利用負靜電吸附清除！

成分

☑ 流動石蠟

除塵紙材質：☑ 聚酯纖維、聚丙烯

ITEM 06

## 用水擦拭反而會使雜菌增生！乾式除塵紙的乾式清潔才是正解

含有各種成分的溼式除塵紙，可能會有成分殘留或造成腳底刺激的問題，但乾式除塵紙就沒有這類問題！而且它能夠以帶負靜電的「聚酯纖維」吸附帶正靜電的灰塵、花粉或頭髮，在吸附髒汙的效果上可說是非常強。這項產品也添加了流動石蠟，所以能稍微擦掉油漬。以溼式除塵紙擦拭往往會讓地板變得溼答答，也可能因此打造了雜菌便於繁殖的環境。

## 利用蓮蓬頭改善肌膚與頭髮的受損狀況？

自來水的次氯酸鈣，
會對肌膚與頭髮造成傷害
這個問題可利用「淨水蓮蓬頭」輕鬆解決

不知道大家是否有在旅行或搬家之後，突然覺得肌膚或頭髮的狀況變得怪怪的經驗？明明使用的是同牌子的化妝品與洗髮精，卻有這個感覺的話，那麼原因可能來自於「自來水」。加在自來水裡的含氯消毒劑（次氯酸鈣）太濃，會使肌膚與頭髮受損，所以覺得不舒服的人，不妨另外裝個「淨水蓮蓬頭」。

# PART.4

# 保養的科學

## 「頭髮養護＆身體護理的商品」

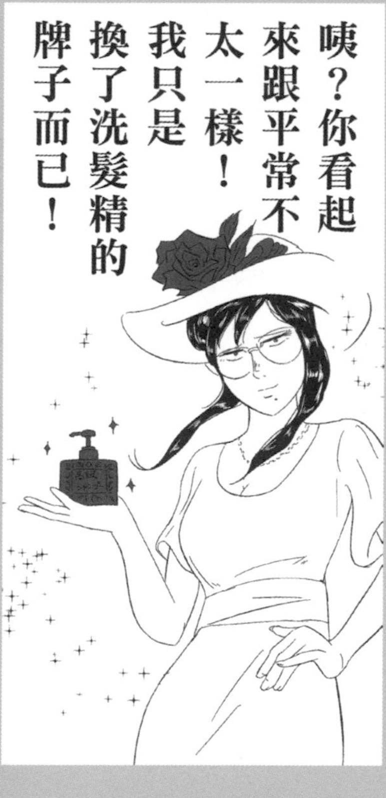
咦？你看起來跟平常不太一樣！
我只是換了洗髮精的牌子而已！

保養化學的為什麼

Q1

# 牙膏到底是什麼東西？

沒有泡泡，就覺得沒在刷牙啊……

A1

- ☑ 主成分為研磨劑，太硬的話，連牙齒都會受損！
- ☑ 界面活性劑會影響味覺，少用味道奇怪的牙膏產品

正解 秒懂！

仔細觀察研磨劑或有效成分，做出智慧的選擇！

Study

## 牙膏的主成分為「研磨劑」，標榜潔白的產品，使用時需要注意

許多人以為牙膏的主成分為清潔劑（界面活性劑），但其實市面上大多數的牙膏都是以「研磨劑」為主成分。研磨劑的種類很多，最常見的就是玻璃的主成分「無水矽酸」（二氧化矽）。或許有人會覺得「這麼硬的材質，會不會連牙齒都磨到薄？」其實就如大家所擔心的一樣，長期使用無水矽酸這種高硬度的研磨劑來刷牙，容易讓牙齒表面受損的問題，似乎已浮上檯面。牙齒表面的硬度與無水矽酸的硬度幾乎相當，不斷用力刷，的確會使牙齒的表面受損。

此外，有些標榜潔白效果的牙膏，使用了硬度高於無水矽酸的研磨劑（例如氧化鋁）。所以為了牙齒保健著想，平常最好選用硬度較低的研磨劑，例如主成分是「碳酸鈣」或「水合氧化矽」的牙膏，都是不錯的選擇。

Study

## 研磨劑與有效成分雖然重要，但界面活性劑也有一定程度的重要性

除了研磨劑之外，牙膏的效果也受「有效成分」影響。有效成分的效果包含「預防蛀牙」和「預防牙周病」，每個人可依照自己的情況選擇適當的牙膏（參考第185頁）。有些牙膏也有「預防牙齒過敏」的效果（改善吃到冰的食物牙齒感到痠痛的問題）；舉例來說，「硝酸鉀」是麻醉劑所含的成分之一，能讓我們暫時感受不到牙齒的疼痛。牙齒過敏是蛀牙的症狀之一，若以麻醉劑暫時阻絕痛感，有可能延誤牙齒的治療。所以覺得牙齒疼痛，就應該早點去看牙醫。

此外，目前有報告指出，某些界面活性劑會讓「味覺」暫時變質。後來，經過實際研究後發現，這是因為發泡劑的「月桂酸鈉」會讓舌頭上的味蕾暫時無法正常發揮功能所導致。雖然這狀態只要三十分鐘就會恢復，不過還是建議別選擇會讓味覺變得太奇怪的牙膏，才是上上之策。

## 比較研磨劑的「莫氏硬度」

牙膏含有研磨劑，莫氏硬度是硬度的度量衡；
讓我們看看各種研磨劑的莫氏硬度吧！

### 牙齒的成分與研磨劑的硬度一覽表

| | | 莫氏硬度 | |
|---|---|---|---|
| 氧化鋁 | 非常堅硬，有些標榜潔白效果的牙膏會添加 | 9 | 有可能把牙齒磨薄 |
| 無水矽酸（二氧化矽） | 最常見的研磨劑（玻璃的主成分） | 7 | |
| 琺瑯質（牙齒表面） | 主成分為磷酸鈣這類無機質(大部分是羥磷石灰) | 6～7 | 不會把牙齒磨薄 |
| 羥磷石灰 | 琺瑯質與牙本質的主成分，研磨劑與藥用成分添加的顆粒會是不一樣的大小 | 6～7 | |
| 牙本質（象牙質／牙齒內層） | 主成分有 70%是羥磷石灰 | 5～6 | |
| 水合氧化矽 | 含水的矽酸，比無水矽酸柔軟 | 3～5 左右 | |
| ○○顆粒 | 例如添加 A 顆粒或 Wa 顆粒，一般都是碳酸鈣與無水矽酸的混合物 | 3～5 左右 | |
| 磷酸氫鈣 | 自古以來使用的研磨劑 | 3～5 左右 | |
| 重質碳酸鈣（碳酸鈣） | 碳酸鈣的微粒子粉末，重質碳酸鈣的顆粒較大，輕質碳酸鈣的顆粒較小 | 3 | |
| 輕質碳酸鈣 | | 3 | |
| 氫氧化鋁 | 硬度較低的研磨成分 | 3 | |
| 碳酸氫鈉 | 就是小蘇打；會苦澀並發泡，所以很少用來做牙膏 | 2.5 | |
| 纖維粉 | 塑膠樹脂；硬度不明，但應該不高 | ? | |

上表是在牙膏添加物中常見的研磨劑一覽。「莫氏硬度」的數值越高，代表硬度越高，越容易洗掉髒汙（潔白效果也高），但也會讓牙齒的表面受損。

---

**POINT**

就算想讓牙齒亮白，但也要注意研磨劑的選擇！比牙齒的琺瑯質或牙本質還硬的研磨劑，有可能會連牙齒都磨掉，也可能會造成蛀牙與牙齒過敏。

保養化學的為什麼

Q2

# 最好要小心氟的毒性？

A2

☑ 若正常使用就不會有問題

☑ 如果害怕氟，就改用羥磷石灰

正解

秒懂！

雖然毒性弱到可以忽略，卻也有其他可代替氟的成分

不會吧……氟！
不行嗎？
Instagram
氟
反對使用氟！

Study

# 想要氟中毒，得整整吞下三條牙膏

從以前開始，對於牙膏添加的「氟」就一直被拿出來討論；氟本身是超毒的質體，所以當然不可能單獨在牙膏裡添加。現在，在牙膏裡添加的氟其實是「氟化鈉」或「單氟磷酸鈉」、「氟化錫」這類氟化物。將氟化物塗在牙齒表面，在氟化物滲透後，可促進牙齒的再礦化（補回礦物），提升牙齒的抗酸性。自從市售的牙膏添加了氟化物，蛀牙的病例有了顯著的下降，所以氟化物的確有其效果。

然而，也有部分意見表示，氟的「毒性」很高，有可能會導致中毒。但其實根據毒性數值計算後，發現成人要達到中毒的標準值，必須每天連續吞下二到三條牙膏，這實在是不太可能在現實生活中發生吧！

Study

## 如果實在很擔心氟，不妨改用添加「羥磷石灰」的牙膏

有部分意見認為氟化物是有毒性的，所以現在規定高濃度氟化物牙膏的氟必須低於1500ppm（0.15%），一般市售的牙膏則為1000ppm（0.1%），有許多兒童專用牙膏更是得低於500ppm。不過，氟化物要實際有效果的濃度必須介於500～1000ppm，所以含氟化物效果不夠顯著的牙膏，其實也沒什麼意義可言。

如果實在擔心氟化物的毒性，不妨改用含有「藥用羥磷石灰」的牙膏。這種成分與牙齒表面的琺瑯質以及內層的牙本質的主成分相同，與氟化物一樣具有預防蛀牙的效果，而且是完全無毒的物質。與高毒性的氟化物完全不同，還能填補琺瑯質，讓牙齒變得滑溜溜，所以是非常推薦使用的成分。

## 牙膏的有效成分

讓我們一起看看常見的牙膏都有哪些成分吧！
下列是有效成分一覽表，可作為是否購買的參考與依據。

### 預防蛀牙

- **氟化鈉** • **氟化錫** • **單氟磷酸鈉**

這些氟化物會滲透牙齒組織與強化牙齒本身，促進牙齒的再礦化，也能減少酸性物質產生。大量攝取有可能會中毒 *。

- **藥用羥磷石灰**

牙齒琺瑯質的主成分。可吸附牙垢，填補牙齒表面的小缺損與促進再礦化；沒有毒性的問題。

### 預防牙菌斑

- **葡聚醣**

分解牙菌斑的酵素。

### 預防牙結石

- **磷酸鈉** • **焦磷酸鈉**

抑制牙結石形成。

### 預防口臭

- **月桂醯肌氨酸鈉**

其殺菌效果可抑制細菌繁殖。

* 2018 年經過重量換算之後的 0.15 %（1500ppm）為氟的添加上限；中毒基準值為 5 ～ 10mg/kg。

### 預防牙周病

- **傳明酸** • **原白氨酸**

止血劑的成分之一，可預防出血。

- **甘草次酸** • **二鉀甘草**

抗發炎的成分，可抑制發炎症狀。

- **異丙基甲基酚**
- **氯化十六烷基吡啶** • **苯紮氯銨**

可透過殺菌效果抑制雜菌繁殖。

- **黃檗樹皮提取物**

具有收斂作用（牙齦腫脹）與抗發炎、殺菌效果。

- **氯化鈉**

具有收斂作用。

### 預防焦油附著

- **PEG-12、PEG-8** • **聚乙二醇 400**

溶劑的一種，可溶解與去除與牙齒表面附著的焦油或牙斑。

### 預防牙齒過敏

- **硝酸鉀**

一般當成麻醉劑使用，可阻斷刺激的傳達。

- **乳酸鋁**

可封閉將刺激傳至牙髓的牙本質小管。

---

**POINT**

氟化物能有效預防蛀牙；雖然添加的比例再低仍具有毒性，但是只要正常使用就不會有任何問題。若是擔心毒性的話，就改用藥用羥磷石灰。

保養化學的為什麼

Q3

# 洗髮精越貴品質越好嗎？

欸！妳跟平常好像有點不太一樣？
我只是換了洗髮精而已

A3

- ☑ 別被價格與品牌騙了，也有昂貴卻劣質的商品！
- ☑ 矽靈雖是安全成分，但優質洗髮精不會添加

正解 秒懂！

一切取決於清潔成分的選擇，優質產品也是一分錢一分貨

Study

## 選購洗髮精的關鍵在於清潔劑的選擇，建議大家記住主要成分

過於平價的洗髮精固然不會是優質產品，但高價昂貴的洗髮精卻不一定很優質。因為，市面上有些洗髮精只是品牌響亮才賣得比較貴。選購洗髮精的時候，建議大家養成研究主要清潔成分的習慣，別再以價格或品牌作為選購標準，這也是養出一頭秀髮的第一步。

劣質洗髮精最常使用的「月桂醇硫酸酯鈉」是清潔效果最強，對皮膚刺激也最強的強力清潔劑。這種清潔劑會造成頭髮極大的損傷，日本國內的製造商已不太使用，但是顧及其他國家商品還會使用這點，購買時可得睜大眼睛。「月桂醇**聚醚**硫酸酯鈉」是月桂醇硫酸酯鈉經過改良之後的成分，也是日本國產洗髮精的主要成分，但還是不太建議肌膚敏感的人使用；「烯烴磺酸鈉」也有相同的問題。不過，溫和的成分不一定就適合每個人的膚質，還是得視自己的膚質與髮質挑選適當的產品（參考第193頁）。

Study

# 優良商品不會混入矽靈，也不會大肆宣揚無矽靈

有一段時間市面上曾流傳著矽靈會堵塞毛孔，不利毛髮健康的謠言，導致「無矽靈配方的洗髮精」一在那時成為當紅炸子雞。但是，矽靈本身是非常安全的成分，既不刺激，也不會堵塞毛孔。

只不過，市面上的洗髮精都以前一頁介紹的清潔劑為主成分，而這種主成分的清潔力雖高，卻會讓頭髮變得乾澀。廠商為了讓消費者無法察覺這點，通常會偷偷在洗髮精裡加入矽靈，增加潤滑油的效果，但此時的矽靈會形成一層皮膜，令頭髮出現厚重的問題。

話說回來，曾一時蔚為風潮的「無矽靈配方洗髮精」不過就是抽掉矽靈配方的洗髮精，所以也有洗後頭髮變得極度乾澀的問題。

以優良清潔成分製造的優質洗髮精的話，是不會為了規避乾澀的問題而混入矽靈，也很少刻意宣傳無矽靈配方這點。就結論而言，選購洗髮精的重點在於選擇對的清潔成分，而不是以有無矽靈配方作為選擇。

## 清潔成分的洗淨力

在此幫大家整理了洗髮精的清潔成分，究竟有多少的洗淨力！
清潔效果越強的成分，通常會連同保護肌膚的成分一併洗掉，也比較刺激肌膚。

| 清潔劑的分類 | 界面活性劑的舉例 | 洗淨力 |
|---|---|---|
| 固態石鹼（一般肥皂材質） | 月桂酸鈉 | 強～略強 |
| | 肉荳蔻酸鈉 | |
| | 棕櫚油酸鈉 | |
| | 硬脂酸鈉 | |
| | 油酸鈉 | |
| 液態石鹼（鉀肥皂材質） | 月桂酸鉀 | 強～略強 |
| | 肉荳蔻酸鉀 | |
| | 棕櫚油酸鉀 | |
| | 硬脂酸鉀 | |
| | 油酸鉀 | |
| 硫酸類 | 月桂基硫酸鈉 | 非常強 |
| | 月桂醇硫酸酯鈉 | |
| | 月桂基硫酸三乙醇胺 | |
| | 椰油基硫酸鈉 | |
| | 月桂醇聚醚硫酸酯鈉 | 強 |
| | 月桂醇聚醚硫酸銨 | |
| | 月桂醇聚醚硫酸酯TEA鹽 | |
| 烷基苯磺酸類 | 十二烷基苯磺酸鈉 | 非常強 |
| | 烯烴磺酸鈉 | 強 |
| 磺基琥珀酸類 | 月桂醇聚氧乙烯醚琥珀酸單酯磺酸鈉 | 略強 |
| | 磺基琥珀酸酯二鈉 | |
| 羧酸類 | 月桂醇聚醚-5羧酸鈉 | 中 |
| | 月桂醇聚醚-4羧酸 | |
| 羥乙基磺酸類 | 椰油基羥乙基磺酸鈉 | 略強 |
| 牛磺酸類 | 椰油醯基甲基牛磺酸鈉 | 中～略強 |
| | 甲基月桂醯基牛磺酸鈉 | |
| 胺基酸類 | 月桂醯肌氨酸鈉 | 中 |
| | 月桂醯天冬氨酸鈉 | 中 |
| | 月桂醯基甲基氨基丙酸鈉 | 略弱 |
| | 月桂醯基甲氨基丙酸TEA鹽 | |
| | 月桂醯谷氨酸鈉 | 弱 |
| | 椰油醯基谷氨酸TEA鹽 | |
| | 椰油醯甘氨酸鉀 | 鹼性時，略強 |

**POINT**

洗髮精通常不會只有一種成分，而是由多種成分組成。廠商有時會以略強的成分搭配溫和的成分，組合成洗淨力與刺激性都恰到好處的產品。

保養化學的為什麼

Q4

# 要解決掉髮問題＆保養頭皮就要選用頭皮養護洗髮精？

**頭皮活性化！要擁有一頭秀髮，就要從頭皮開始保養！**

A4

- ☑ 「頭皮養護洗髮精」不是「生髮洗髮精」
- ☑ 頭皮養護不需要使用藥用洗髮精

正解 秒懂！

慎選對肌膚溫和的洗髮精，比什麼都重要

Study

## 日本的頭皮養護洗髮精分成頭皮止癢與抗頭皮屑兩種

在日本，許多人都將「頭皮養護洗髮精」當成「生髮洗髮精」來用，但是頭皮養護洗髮精完全沒有生髮效果。

這是因為，日本並不認可洗髮精的生髮效果，只有添加特殊成分的藥物，才能得到生髮效果的認證。而且，若是外用藥物，就必須在藥物完全滲透之前才能洗頭。所以，就算洗髮精真有生髮效果也沒用，因為一洗頭，所有效果就都洗掉了。

市售的藥用洗髮精（屬於含藥化妝品，效果經過認證的洗髮精）不是添加二鉀甘草這類抗發炎劑的「頭皮止癢型洗髮精」，就是添加吡羅克酮乙醇胺鹽這類殺菌劑的「抗頭皮屑洗髮精」。不過，這些洗髮精都利用電視廣告和曖昧的廣告用語，讓消費者誤以為這類產品是「生髮洗髮精」。

Study

## 長期使用藥用洗髮精會有的問題

若有頭皮屑問題或是頭皮發癢的問題，藥用洗髮精固然是一項非常可靠的選擇；但使用時，有幾點需要注意。長期使用「吡羅克酮乙醇胺鹽」、「吡硫鎓鋅」這類殺菌成分的抗屑洗髮精，一開始效果可能還不錯，但頭皮會因此慢慢變糟。這是因為，造成頭皮屑的細菌可能出現抗藥性，殺菌劑也會在殺死這類細菌的同時，一併殺死保護頭皮的細菌，導致頭皮不再健康。

頭皮養護洗髮精的目的在於「改善頭皮環境」。要想改善頭皮環境，只需要避免以洗髮精洗太多次頭髮，同時審慎看待頭皮的受損程度即可，不需要特別改用藥用洗髮精。選擇適合頭皮使用的洗髮精，讓頭皮的壓力釋放，就能改善頭皮屑與頭皮發癢的問題，甚至有可能促進生髮。

## 藥用洗髮精與護髮素的有效成分

藥用洗髮精是「含藥化妝品」的一種，
添加了有效成分之餘，標榜的效果也得到日本厚生勞動省的認證。

### 當成除菌劑、 抗菌劑應用的成分

| 成分名稱 | 主要功效 | 標榜效果 | 效果強度 |
|---|---|---|---|
| 尿囊素 | 消炎 | 頭皮止癢、預防頭皮屑、維護頭皮健康 | 中 |
| 二鉀甘草（甘草酸二鉀） | | | 溫和 |
| 醋酸鹽維他命E（維生素E醋酸酯） | 消炎（促進血液循環） | | 溫和 |
| 硫黃 | 殺菌 | 頭皮止癢、預防頭皮屑、維護頭皮健康<br>防止頭髮、頭皮散發汗臭味 | 強 |
| 水楊酸 | | | 強 |
| 吡硫鎓鋅 | | | 強 |
| 吡羅克酮乙醇胺鹽 | | | 強 |
| 咪康唑硝酸鹽 | | | 強 |
| 異丙基甲基酚 | | | 略強 |

洗髮精與護髮素的有效成分，主要分成「消炎」與「殺菌」這兩種類型。許多產品都以疑似具有生髮效果的方式進行宣傳，但市面上既有的藥用洗髮精也只有上表記載的成分與效果而已。事實上，也還沒有洗髮精與護髮素的生髮效果得到認證。此外，殺菌類的藥用洗髮精擁有很強的效果，卻也有刺激性與抗藥性的問題，請大家避免長期使用。

**POINT**

頭皮養護洗髮精的目的在於改善頭皮環境，所以選擇適合的洗髮精，讓頭皮釋放壓力才是最重要的一環。

保養化學的為什麼

Q5

# 護髮素與潤髮乳有何不同？

這兩瓶哪裡不一樣？
有誰能告訴我選哪瓶才對？

A5

- ☑ 護髮素與潤髮乳，目前沒有明確的界定
- ☑ 曾經受損的頭髮，無法透過護髮素修復

正解秒懂！

別對市售的護髮素抱有過多的期待！

Study

# 說不定你用的護髮素，只是……重覆使用了一堆定義不明的相同產品？

一走進藥妝店，就會看到潤絲、潤髮乳、護髮膜……琳瑯滿目的髮類商品，它們同時也讓消費者想要知道這些「到底有哪裡不一樣」。或許有些人會覺得同時使用同牌子的幾種商品，可加強護髮的效果；可能也有人覺得護髮膜、護髮素的成分，比潤髮乳還高級。

不過，事實上這些產品的名稱沒有明確的定義，製造商可隨著市場需求自行命名。在一片市售品之中，有些潤髮乳、護髮素、護髮膜……甚至是以相同的成分製作，所以常出現「塗抹在頭髮上的是相同成分」的情況。更可惡的是，有些潤髮乳與護髮膜的成分明明相同，護髮膜的售價卻硬生生高出一倍！建議大家別囿於商品名稱，選購一個覺得不錯的產品就夠了。

Study

## 頭髮是「死掉的細胞」，護髮素也無法讓細胞起死回生

護髮素的日文名雖有「治療」的意思，但是頭髮是本身就有細胞的「角蛋白」，也就是蛋白質的集合體，所以一旦受損，就無法再生。護髮素的「修復效果」只是利用矽靈和油脂，讓頭髮表面變得光滑，或是利用角蛋白這類蛋白質填補頭髮的缺損。不管是多麼高級的護髮素，也不可能讓受損的頭髮恢復原狀。

所以真的要護髮，重點在於「別讓頭髮受損」。有些沙龍專用的護髮素，會添加「黑馬劑」（Hematin）這類避免頭髮受到化學傷害的成分，但市面上的產品幾乎找不到這類刻意抑制化學傷害的護髮素。不管是潤髮乳還是護髮膜，基本上都是利用矽靈，在頭髮表面形成皮膜，讓頭髮變得柔順與減少摩擦。

## 一之介嚴選！推薦的護髮素成分

以下，為大家整理了值得推薦的護髮素成分。

| 成分名稱 | 效果說明 |
| --- | --- |
| 角蛋白 | 角蛋白是組成毛髮的蛋白質，可修復受損的毛髮並增加毛髮量。水解角蛋白質的分子較小，比較容易滲入毛髮內部。 |
| 水解角蛋白 | |
| 黑馬劑 | 這是萃取血液中的血紅蛋白來製作的成分，具有吸收、提供氧氣的效果，也可讓殘留在毛髮的還原劑或氧化劑提早失去活性，避免頭髮受損。此外，也有除臭和強化角蛋白合併速度，達到修復損傷的效果。最適合在燙髮與染髮之後使用。 |
| γ－芥酸內酯 | 內酯衍生物的一種，受熱後，會於毛髮上形成架橋構造，修復毛髮的損傷。可避免頭髮因燙髮受損，或被吹風機的熱風傷害。 |
| 白芒花籽酸內酯 | |
| 植物固醇澳洲堅果油酸酯 | 這是毛髮原有的油脂，再搭配類似的油脂和相關的衍生物。滲透毛髮之後，可讓毛髮恢復彈性與柔順，使原本硬邦邦的頭髮變得更加柔軟。通常含有容易氧化的成分，所以千萬別抹太多。 |
| 澳洲堅果籽油 | |
| 酪梨油 | |
| 摩洛哥堅果油 | |
| 荷荷籽油 | 是僅次於油脂類的油脂，也是毛髮原有的油分。不易氧化，是極佳的天然毛髮保護劑。 |
| 矽靈 | 在毛髮表面形成護膜，有避免摩擦與受傷的成分。若塗太多，會導致頭髮變得厚重，也會於毛髮上堆積。 |
| 環戊矽氧烷 | |

POINT

市售的護髮素鮮少添加能阻絕傷害的有效成分，請確認是否添加了上述的美髮成分再行購買。

洗髮精

KAZUNOSUKE CHOICE

秒懂！

# 高級的成分，對頭髮、肌膚和錢包都沒有傷害！

**item**

Kracie葵緹亞

## Coconsuper Pure Scalp

Inner Comfort Shampoo

* 部分日本商品專賣店、台灣網站均有販售

**一之介的著眼點**

主要成分為酸性石鹼「月桂醇聚醚—4羧酸」的洗髮精非常稀少，這也是對頭髮、頭皮都溫和，又能清爽洗淨的新一代洗淨成分。而且，還混入雙性離子型與胺基酸型的界面活性劑，所以更加溫和。

component

成分剖析

## 稍微貴一點也值得！這是沙龍級洗髮精的品質

成分

官網公布的所有成分：

水、月桂醇聚醚-4羧酸、椰油醯胺甲基MEA、月桂醯胺丙基甜菜鹼、椰油醯兩性基乙酸鈉、月桂醯基甲基氨基丙酸鈉、水解蠶絲蛋白、絲氨酸、脯氨酸、穀氨酸一鈉、精氨酸、丙氨酸、植物固醇（辛基十二醇月桂醯谷氨酸酯）、癸二酸二乙酯、（甘油醯胺乙醇甲基丙烯酸酯／硬脂醇甲基丙烯酸酯）共聚物、酵母菌／米糠發酵液菁華、水解膠原蛋白、PCA 椰子醯精氨酸乙酯鹽、薄荷醇、鯨蠟硬脂醇聚醚-60肉豆蔻基二醇、聚季銨鹽-10、BG、甘油、檸檬酸、EDTA-2Na、安息香酸Na、水楊酸、香料、焦糖

ITEM 01

### 在主成分添加了市售品之中頂級成分的「酸性石鹼」

主成分的「月桂醇聚醚－4羧酸」是美容沙龍專用洗髮精會採用的「酸性石鹼」，而且這種新型的洗淨成分不僅刺激性低，規格與胺基酸型洗髮精都一樣，更以清爽的洗淨力為一大賣點。月桂醇聚醚－4羧酸雖然是非常優質的成分，但市售產品常因成本問題而無法使用，但本商品卻是例外之一。除了這項成分之外，還混如胺基酸型、雙性離子型的洗淨成分，貫徹對頭髮與頭皮都低刺激的理念。

KAZUNOSUKE CHOICE

秒懂！

# 利用香味，進行損傷修護

item

BOTANIST

BOTANICAL SHAMPOO

損傷修復

* 部分日本商品專賣店、台灣各大藥妝店均有販售

## 一之介的著眼點

以洗淨效果顯著的牛磺酸型清潔劑為基底，再混入胺基酸型、雙性離子型的清潔劑，進一步營造洗後的清爽感，同時也添加了「水解角蛋白」（羊毛）這個保溼成分，所以對於修復頭髮損傷也有幫助。

component

成分剖析

# 添加角蛋白&內酯衍生物的損傷修復型洗髮精

成分

官網公布的所有成分：

水、椰油醯基甲基牛磺酸鈉、月桂醯基甲基氨基丙酸鈉、烷基醯胺甜菜鹼、PEG-40氫化篦麻油、椰油醯胺甲基MEA、月桂醯胺丙基甜菜鹼、月桂醇聚醚-4羧酸、甘油、柚子果實菁華、玉米醇溶蛋白、白芒花籽酸內酯、水解化學物質、向日葵種籽菁華、二（月桂醯胺穀氨醯胺）賴氨酸鈉、摩洛哥堅果油、山茶籽油、荷荷籽油、向日葵種籽油、西班牙鼠尾草籽油、肥皂草葉萃取物、三葉無患子果萃取物、白樺樹汁、水解角蛋白（羊毛）、氫化椰油甘油混合酯、辛基十二烷醇、聚季銨鹽-7、聚季銨鹽-10、聚季銨鹽-50、椰油醯胺甲基MEA、檸檬酸、鯨蠟硬脂醇聚醚-60肉豆蔻基二醇、椰油醯基谷氨酸TEA鹽、月桂醯肌氨酸鈉、PEG-160 失水山梨醇三異硬脂酸酯、BG、DPG、生育醇、EDTA-2Na、安息香酸Na、苯氧乙醇、香料

ITEM 02

在家就能享受
高品質的頭髮養護效果

在主成分的牛磺酸型洗淨成分裡，添加胺基酸型、雙性離子型洗淨成分，組成這款洗後清爽，又能養護頭皮與頭髮的洗髮精。無矽靈的配方，讓頭髮洗後不厚重，水解角蛋白（羊毛）與內酯衍生物則可修復毛髮。

這款商品在愛好者之間造成轟動，給人完全安心以及高品質的成分之餘，也有很棒的香氣。

KAZUNOSUKE CHOICE

秒懂！

# 給希望頭髮的保養能少點刺激的人使用

**item**

Kracie 葵緹亞

Coconsuper Sleek & Rich

Intensive Repair Treatment

* 部分日本商品專賣店、台灣網站均有販售

## 一之介的著眼點

未添加容易造成頭皮刺激的「第四銨鹽」， 是市面極為少見的護髮素。 雖然頭髮洗後的蓬鬆感較不明顯， 但最大的優點是採用第三胺鹽這種主成分， 讓肌膚敏弱的人也能放心使用。

component

成分剖析

## 不使用「第四銨鹽」，適合敏弱肌使用的低刺性型護髮素

成分

官網公布的所有成分：

水、硬脂醇、山嵛醯胺丙基二甲胺、矽靈、醣基海藻糖、氫化澱粉水解物、氨基封端二甲基聚矽氧烷、石蠟、羥乙基纖維素、苯基三甲基聚矽氧烷、水解蠶絲蛋白、絲氨酸、脯氨酸、穀氨酸一鈉、精氨酸、丙氨酸、植物固醇（辛基十二醇月桂醯谷氨酸酯）、癸二酸二乙酯、C12-14鏈烷醇聚醚-7、鯨蠟醇聚醚-25、C12-14鏈烷醇聚醚-5、鯨蠟醇聚醚-5、BG、PG、乳酸、檸檬酸、醋酸、安息香酸Na、水楊酸、苯甲酸甲脂、香料、焦糖

ITEM 03

柔軟效果雖不突出，對肌膚的溫和度卻是首選

市售的護髮素通常與柔軟精一樣，都採用「陽離子型界面活性劑」為主成分，可是陽離子型界面活性劑之一的第四銨鹽，卻會對肌膚敏弱的人造成刺激。本產品排除陽離子型界面活性劑，只使用低刺激性的「第三胺鹽」（山嵛醯胺丙基二甲胺）來製作護髮素。

柔軟效果雖不突出，卻讓皮膚容易有問題的人也能安心使用。矽靈這類含矽的成分和水解蠶絲蛋白這類毛髮保護成分，也都讓頭髮變得更加柔順。

KAZUNOSUKE CHOICE

秒懂！

# 宛如剛從美髮沙龍走出來的光澤秀髮

**item**

BOTANIST

BOTANICAL HAIR MASK

## BOTANIST植物性護髮膜

* 部分日本商品專賣店、台灣各大藥妝店均有販售

**一之介的著眼點**

利用讓毛髮變得柔軟的酪梨油與18-MEA衍生物陽離子，讓原本緊繃的頭髮也變得溼潤有彈性，非常建議「髮質較硬」的人使用。能在自家體驗到沙龍等級的護髮效果，這點是在是太迷人了！

component

成分剖析

# 不可思議的頭髮軟化效果
# 市面唯一的毛髮軟化護髮素問世

成分

官網公布的所有成分：

水、矽靈、棕櫚醇、甘油、環戊矽氧烷、山崳基三甲基氯化銨、酪梨油、氨基封端二甲基聚矽氧烷、硬脂基三甲基氯化銨、山崳基三甲基硫酸甲酯銨、神經醯胺2、角鯊烷、C10-40 異烷醯胺丙基乙基二甲基銨乙基硫酸鹽、玻尿酸鈉、紅葉金虎尾果萃取物、甘蔗萃取物、廣西沙柑果皮萃取物（陳皮菁華）、迷迭香葉水、精氨酸、甘氨酸、絲氨酸、丙氨酸、脯氨酸、纈氨酸、異亮氨酸、蘇氨酸、組氨酸、苯丙氨酸、乳酸Na、PCA-Na、PCA、蘋果酸、二（月桂醯胺穀氨醯胺）賴氨酸鈉、凡士林、鯨蠟醇、乙醇、異丙醇、BG、DPG、PPG-4鯨蠟醇聚醚-20、聚二甲基矽氧烷醇、氨丙基聚二甲矽氧烷、（雙-異丁基PEG-14／氨端聚二甲基矽氧烷）共聚物、甲基異塞唑啉酮、香料

ITEM 04

頭髮像是剛做完沙龍般，光澤亮麗
一周只需使用幾次，就能常保頭髮亮澤

這款護髮膜的特徵就是毛髮柔軟效果。天然油脂的酪梨油搭配「C10-40異烷醯胺丙基乙基二甲基銨乙基硫酸鹽」，組成18MEA衍生物的毛髮修補成分，讓毛髮的軟化效果更加顯著。即使是受損嚴重的毛髮，這類修復成分也能迅速滲透，讓頭髮如奇蹟般恢復水潤感與蓬鬆感。要注意的是，這款產品的修復效果極高，連續使用反而會讓頭髮變得厚重，所以一周使用幾次才是最理想的使用方法。

KAZUNOSUKE CHOICE

秒懂！

# 不用保溼，利用神經醯胺溫柔洗淨

**item**

樂敦製藥

Care Cera

泡沫型高保溼沐浴乳

* 部分日本商品專賣店、台灣網站均有販售

## 一之介的著眼點

在非離子型洗淨成分添加胺基酸型洗淨成分，藉此保持低刺激性的沐浴乳。這款是市面上唯一添加七種神經醯胺的劃時代產品。溫柔洗淨之餘，還同時保留肌膚原有的溼潤成分，可說是非常了不起的創意。

component

成分剖析

# 非離子型洗淨成分 搭配神經醯胺的沐浴乳

成分

官網公布的所有成分：

水、PEG-80失水山梨醇月桂酸酯、山梨醣醇、椰油醯胺 DEA、椰油醯谷氨酸二鈉、椰油醯基甲基牛磺酸鈉、椰油醯甘氨酸鈉、烷基醯胺甜菜鹼、PPG-3 辛基醚、神經醯胺1、神經醯胺2、神經醯胺3、神經醯胺6II、神經醯胺EOS、己醯基植物鞘氨醇、己醯基神經鞘氨醇、山崳酸、膽固醇、蜂鬥菜葉／莖萃取物、毛葉杯軸花葉萃取、德國洋甘菊花萃取、檸檬酸、氯化鈉、EDTA-2Na、聚季銨鹽-7、碘代丙炔基氨基甲酸丁、糊精、BG、鯨蠟硬脂醇聚醚-25、甘油、鯨蠟醇、苯氧乙醇、香料

ITEM 05

敏弱肌膚、乾燥肌膚都能使用
洗後保留神經醯胺的新創意

市售的沐浴乳有一半是以石鹼為主成分的高洗淨力配方，因此以非離子型成分（PEG-80失水山梨醇月桂酸酯）為主成分，搭配胺基酸型洗淨成分的低刺激性沐浴乳可說是異常珍貴。相較於石鹼，這款產品的洗後感雖然較油膩，但可保留神經醯胺這種肌膚原有的保溼成分，避免洗完澡後皮膚乾燥。所以後續也不太需要再加強保溼，而且這種創意也讓這款產品成為劃時代的沐浴乳。

KAZUNOSUKE CHOICE

秒懂！

# 異位性皮膚炎也能使用的溫和洗淨成分

item

MINON

## 泡沫嬰兒全身洗淨乳

* 部分日本商品專賣店、台灣網站均有販售

### 一之介的著眼點

以胺基酸型洗淨成分的椰油醯基谷氨酸鉀為主成分的嬰兒泡沫潔淨乳。由於主成分只有六種，除了可當成嬰兒的沐浴乳使用，也可當成異位性皮膚炎患者的沐浴乳使用。

component

成分剖析

# 所有成分居然只有六種！配方極簡的泡沫嬰兒潔淨乳

成分

- ☑ 水
- ☑ 椰油醯基谷氨酸鉀
- ☑ BG
- ☑ 氫氧化鉀
- ☑ 苯甲酸甲脂
- ☑ 安息香酸Na

ITEM 06

## 除了寶寶能用，異位性皮膚炎的患者也能用得安心

主成分僅六種的極簡配方裡，沒有任何會於皮膚殘留的成分，也是這款產品最大的賣點。「椰油醯基谷氨酸鉀」是胺基酸型洗淨成分的一種，最大的優點在於優異的洗淨效果與低刺激性，除了很適合當成皮膚敏感且脆弱的寶寶用的沐浴乳，異位性皮膚炎的患者或皮膚容易乾燥的人，也很適合使用這款產品。當然，也很建議當洗手乳來使用。

保養化學的為什麼

Q6

## 少用惡名遠播的陽離子，用無陽離子的產品才是好選擇？

這個？
這個？
這個才是正確選擇？

A6

- ☑「陽離子」指的就是陽離子界面活性劑
- ☑無陽離子的刺激性雖低，但使用過後的經驗卻不出色

正解 秒懂！

也有低刺激性的陽離子成分；
無○○推銷手法可能已經落伍

Study

# 護髮素的原理與「柔軟精」一樣

護髮素的主成分除了矽靈這類油性成分，也添加了「陽離子界面活性劑」；第99頁解說的「柔軟精」也採用了這個成分。

之所以在洗完頭髮後，要利用護髮素讓頭髮變得柔順，其實與用完洗衣精，要使用柔軟精的道理相同。因為洗髮精是陰離子界面活性劑，所以洗完頭之後，頭髮會帶負靜電，此時頭髮會亂翹、變得乾澀，所以才要利用陽離子界面活性劑的正靜電中和電荷，讓頭髮恢復柔順。

但是，如同介紹柔軟精的篇幅所述，陽離子界面活性劑會對敏感肌膚造成刺激，就算在護髮素的添加量不高。有趣的是，日本最近竟有打著「無添加陽離子界面活性劑」噱頭的「無陽離子護髮素」上市了。

Study

## 若要無陽離子的質感……低刺激的「第三胺鹽」也有

完全不添加陽離子成分，的確能大幅減少對肌膚的刺激，若擔心護髮素的刺激性，的確有一試的價值。只是，無陽離子意味著無法緩和頭髮的靜電，所以無法改善頭髮的質感。

目前市面上雖有利用雙性離子界面活性劑實現柔軟效果的無陽離子護髮素，但大部分的使用者體驗都不夠出色（而且也有明明添加了陽離子成分，卻聲稱無陽離子的商品）。因此有些意見認為，若要改善頭髮的質感，還是應該添加一定程度的陽離子成分，不需要矯枉過正，一味地將陽離子視為敵人，也不需要堅持無添加陽離子。

近來市面上也出現了添加「第三胺鹽」的護髮素，而且「第三胺鹽」是低刺激性柔軟精也添加的成分。如果想同時兼顧頭髮的質感與低刺激性的需求，非常建議大家試用看看。

## 陽離子界面活性劑一覽表

英文 Cation 這個字就是護髮素主成分的「陽離子界面活性劑」。
讓我們一起看看都有哪些成分吧！

### 第四銨鹽

- **硬脂基三甲基氯化銨**
- **西曲溴銨**
- **山嵛基三甲基氯化銨鈉**
- **西曲氯銨**

上述是常見的第四銨鹽，也是市售護髮素的主成分。柔軟效果雖佳，但殘留性與刺激性都強。

- **硬脂基三甲基銨甲基硫酸鹽**
- **山嵛基三甲基硫酸甲酯銨**
- **C10-40 異烷醯胺丙基乙基二甲基銨乙基硫酸鹽**
- **異硬脂醯胺丙基乙基二甲基銨乙基硫酸鹽**

雖是第四銨鹽的一種，但一般認為，刺激性比氯化類（chloride）與溴化類（bromide）還低，對毛髮也有不錯的柔軟效果。

### 第三胺鹽

- **椰油醯胺丙基二甲胺**
- **硬脂醯胺丙基二甲基胺**
- **硬脂氧丙基二甲胺**
- **山嵛醯胺丙基二甲胺**

這是降低陽離子界面活性劑刺激性，又兼顧環保的成分。最明顯的特徵為「～胺」（～ amine）的名稱。柔軟效果雖不明顯，但刺激性較低，適合肌膚敏弱的人使用。

### 其他的陽離子成分

- **季銨鹽—〇**
- **聚季銨鹽—〇**
- **瓜兒膠羥丙基三甲基氯化銨**

上述是陽離子化的聚合物，〇的部分是數字。這些聚合物對皮膚的刺激性較一般的陽離子成分低，通常會用在洗頭髮後，讓髮質變得更柔順。

- **水解膠原羥丙基三甲基氯化銨**
- **水解化學物質**
- **羥丙基三甲基氯化銨透明質酸**

將保溼成分陽離子化，進而更容易讓毛髮吸收的成分，效果介於陽離子界面活性劑與保溼成分之間。不過殘留量一旦過高，會對皮膚造成刺激。

### 無陽離子產品的成分

- **羥丙基精氨酸月桂基／肉豆蔻基醚HCl**

這是雙性離子界面活性劑的一種，具有較弱的陽離子界面活性劑的效果。

---

**POINT**

第四銨鹽屬於刺激性較強的成分，皮膚敏弱的人最好選購第三胺鹽或無陽離子的護髮素。順帶一提，關於「無陽離子」的定義目前仍屬曖昧，所以有些產品仍偷偷地添加陽離子界面活性劑的成分。

保養化學的為什麼

Q7

# 該如何解決洗澡之後的乾澀感？

洗完澡，皮膚通常會變得很乾，一定得用乳液保溼才行……

A7

- ☑ 比起保溼不足，洗得太乾淨也有可能是原因
- ☑ 若會泡澡，身上大部分的髒汙會在泡澡時洗掉，這時就不太需要沐浴乳

正解 秒懂！

比起身體乳液，更該重新檢視沐浴乳與洗澡方式

Study

# 沐浴乳有可能是造成乾燥的原因？洗得太乾淨會讓皮膚更乾燥？

應該有不少女性會在洗完澡之後抹點保溼乳液，但如果肌膚還是覺得乾燥，那麼應該重新選購的不是身體乳液，而是沐浴乳。肌膚會在洗完澡之後變得乾燥，是因為沐浴乳把皮膚原有的皮脂與保溼成分洗掉了，所以若是降低洗淨效果，就能留住這些天然的保溼成分，避免皮膚呈現乾燥狀態。

說實說，洗澡不太需要使用沐浴乳。容易流汗或體毛較多的部位或許該用沐浴乳，但身上大部分的汙垢會在泡澡的時候洗掉，所以有習慣泡澡的話，實在不太需要使用沐浴乳。把身體搓乾淨，特別是用洗淨效果明顯的石鹼或沐浴乳，更是會造成肌膚乾燥或異位性皮膚炎惡化，這點可不能不防。

不過也不建議原本習慣搓洗得很乾淨的人，突然改成隨便洗洗的習慣，因為之前的習慣已決定了皮脂的分泌量與角質的代謝速度，突然隨便洗洗，反而會讓身體發臭或是有洗不乾淨的困擾。所以，建議大家按部就班地選擇洗淨效果越來越低的沐浴乳即可。

Study

## 市售的沐浴乳有九成以「石鹼」為主成分

令人意外的是，許多人不知道市面上的沐浴乳，有大半都是以「石鹼」為主成分的石鹼型產品。如同PART 2洗衣精的章節所述，呈弱鹼性的石鹼很適合對付油脂汙垢，而且人類的皮脂也以油脂為主成分，所以可利用石鹼徹底洗淨。不過，對於皮脂分泌旺盛的人來說或許沒差，但皮脂分泌量較少的人若用石鹼洗得太乾淨，肌膚就有可能變得乾燥。如果是異位性皮膚炎的患者，弱鹼性也會造成皮膚刺激，所以肌膚乾燥敏弱的人，最好改用弱酸性的胺基酸型沐浴乳。

最近市面上有些沐浴乳標榜能「留住保溼成分」，但是一如在護髮素的篇幅所述，能留住「保溼成分」，純粹是因為添加了陽離子成分；用石鹼洗乾淨，再讓陽離子成分留在肌膚表面，實在是多此一舉。肌膚沒問題的人，無添加的石鹼就已經很夠用了。

## 善待肌膚的洗澡方式

為大家介紹預防肌膚乾燥的洗澡方式。

1 基本上只需要泡澡就夠了

2 用起泡泡網來搓出大量泡泡

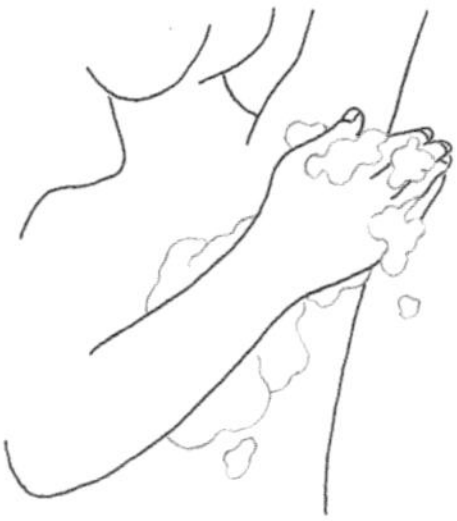

3 只刷洗容易出現汙垢的部位

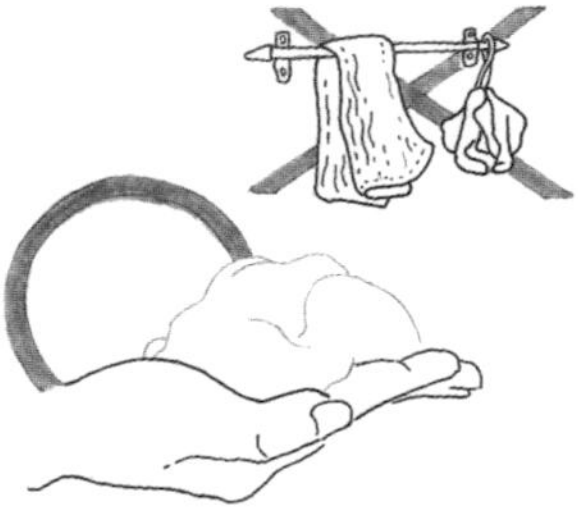

4 不使用海綿或沐浴巾，只用「手」輕輕洗（不要用力搓洗）

5 用蓮蓬頭徹底沖掉所有泡泡

---

**POINT**

洗澡洗得太用力，往往會讓身體肌膚變得乾燥與粗糙。「每天泡澡，洗掉汙垢」、「選購洗淨效果溫和的沐浴乳」、「像洗臉般，輕輕地清洗身體」是避免身體肌膚乾燥與粗糙的祕訣。

保養化學的為什麼

Q8

# 最好要小心……淋浴時的「氯」？

水裡的氯
該不會是
敵人吧？

A8

- ☑ 氯有可能是肌膚變得粗糙，以及頭髮受損的原因
- ☑ 但完全沒有氯的話，浴室就會變得很難打掃

正解秒懂！

加裝可切換開關的「淨水蓮蓬頭」

Study

## 淋浴時的氯，有可能會讓肌膚變得粗糙並讓頭髮受損？

異位性皮膚炎的患者，應該會在意淋浴時的「氯」。這裡說的氯，其實就是第141頁介紹的自來水消毒劑，正式名稱為「次氯酸鈣」。這個成分雖是消毒劑的一種，但其實與氯系漂白劑的「次氯酸鈉」非常相近，都具有強烈的氧化效果。也有報告指出，這類成分會對皮膚造成刺激，也會讓頭髮受損或脫色。儘管在自來水裡的含量不高，但消毒劑常依原始水質調整用量，有些地區的用量甚至會讓人聞到氯的臭味。

在日本的自來水法之中，對氯的濃度上限有嚴格的規定，所以就算生飲，毒性也不足以危害人體，但長期接觸後，頭髮與皮膚還是會多少出現傷害。可能有些人有過……從鄉下搬來都市沒多久，肌膚就變得粗糙，頭髮就變得乾澀的經驗；這很有可能就是因為水中的氯在作怪。

Study

## 能除氯的「淨水蓮蓬頭」流出來的淨水，會沖不掉清潔劑？

要去除自來水的氯，可加裝具有除氯功能的「淨水蓮蓬頭」，一個大概日幣一千元就能買得到，其原理是利用亞硫酸鈣或L－抗壞血酸（維生素C）這類弱還原劑中和掉氯的氧化作用。筆者曾在試用後，進行氯殘留量的檢測，發現這類產品的效果很不錯，光是能夠除氯這點，就足以讓頭髮變得柔順。

不過淨水的缺點是很難沖掉清潔劑。次氯酸鈣的鈣會以金屬離子的形態存在於自來水裡，若與界面活性劑結合，活性就會變弱（參考第142頁）。假設以淨水蓮蓬頭去除水中的金屬離子，清潔劑中的界面或性劑就失去可結合的對象，清潔劑的黏滑感也會在地板等處揮之不去。

最近市面上出現了具開關功能的淨水蓮蓬頭，可在洗澡、洗頭髮的時候選擇切換成淨水，然後在打掃浴室的時候，關掉淨水功能。

## 淨水蓮蓬頭使用的成分

淨水蓮蓬頭可去除自來水的氯，讓我們依照其材質解說相關的原理。

### 淨水蓮蓬頭使用的各種成分

#### 活性碳類型

**原理**　利用活性碳的多孔質吸附雜質，同時利用氧化觸媒促進離子化現象。

**優點**　某些產品的使用壽命長達一年以上，可吸附雜質。

**缺點**　除氯的效果不彰，大概只能去除50%～60%，出水量也會減少。

#### 亞硫酸鈣類型

**原理**　利用亞硫酸鈣，將氯轉換成氯離子與硫酸根離子。

**優點**　使用壽命與除氯效果較為平均，新品幾乎可100%除氯。

**缺點**　除氯效果會越來越差，因為水會經過濾材，所以水勢也會變得稍微弱一些。

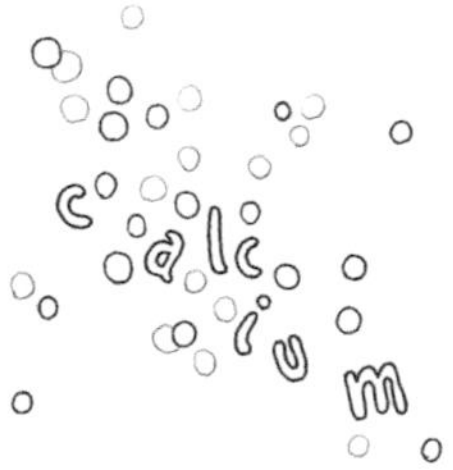


#### 抗壞血酸（維生素C）類型

**原理**　利用抗壞血酸，將氯轉換成氧化型的維生素C與氯離子。

**優點**　除氯效果顯著，只要濾材堪用，可100%除氯。

**缺點**　必須時常更換濾材，成本過高。

---

**POINT**

個人最推薦的是，使用壽命與效果都取得平衡點的亞硫酸鈣類型。淨水過後的水會變成軟水，會不太容易沖掉清潔劑，所以最好選擇能在洗澡或洗頭髮的時候切換成淨水；在打掃浴室的時候切換成原水的淨水蓮蓬頭。

# 結語

閱讀完本書之後，大家似乎發現，家庭的日常用品幾乎都添加了「界面活性劑」。我所熟悉的另一門學問「化妝品」也一樣，身邊的化學產品沒有界面活性劑根本就做不出來。所以，將現代生活形容成「沒有界面活性劑就無法成形」也不為過。

不過，界面活性劑已被媒體渲染成毒藥，導致一般的消費者對界面活性劑抱持著避而遠之的印象。但其實就如本書所述，界面活性劑的種類非常多，也各有特性與缺點，而且除了界面活性劑之外，有許多產品也被過度批評，危險性也被過度高估。大眾之所以會被這些資訊所困惑，純粹是因為「太不了解」這些物質的緣故。

話說回來，閱讀本書，人們不需具備專家的知識，只需要最基本的「科學的思考力」與「健全的提問力」。本書的內容不是那些困難的化學式與公式，只要學過國中的理化，應該就不難了解才對。遇到「這個原理是什麼？」的問題時，請不要得過且過，而是要當場查清楚。在網路時代裡，我們已經能坐在家中，網羅所有需要的資訊。雖然網路上的資訊不一定正確，但只要反覆查證，就能學會取得正確資訊的方法。

最後要說的是，我會繼續更新日用品或化妝品的相關資訊。本書雖已介紹了相關的內容，但身為消費者的各位讀者應該還是抱有相當多的疑問，所以請大家期待我後續發布的新資訊。下次，或許會以部落格或書本的方式，再次出現於各位讀者的眼前。

二〇一八年十一月吉日

一之介

# 家事的科學

日本清潔專家教的輕鬆持家術，
從生活空間到身體肌膚的打掃、選物法則


作者　一之介　KAZUNOSUKE

翻譯　許郁文　Barista Hsu

責任編輯　蔡穎如　Ruru Tsai, Senior Editor
封面設計　申朗創意　Chris' Office
內頁編排　申朗創意　Chris' Office

行銷企劃　辛政遠　Ken Hsin, Marketing Executive
　　　　　楊惠潔　Gaga Yang, Marketing Executive
總編輯　姚蜀芸　Amy Yau, Managing Editor
副社長　黃錫鉉　Caesar Huang, Deputy President
總經理　吳濱伶　Stevie Wu, Managing Director
首席執行長　何飛鵬　Fei-Peng Ho, CEO

出版　創意市集
發行　英屬蓋曼群島商家庭傳媒股份有限公司城邦分公司
Distributed by Home Media Group Limited Cite Branch
地址　104 臺北市民生東路二段 141 號 7 樓
7F No. 141 Sec. 2 Minsheng E. Rd. Taipei 104 Taiwan

讀者服務專線　0800-020-299 周一至周五 09:30 ～ 12:00、13:30 ～ 18:00
讀者服務傳真　(02)2517-0999、(02)2517-9666
E-mail　創意市集 ifbook@hmg.com.tw
城邦書店　城邦讀書花園 www.cite.com.tw
地址　104 臺北市民生東路二段 141 號 7 樓
電話　(02) 2500-1919　營業時間：09:00 ～ 18:30

ISBN　978-957-9199-69-8
版次　2019 年 11 月初版 1 刷
定價　新台幣 380 元／港幣 127 元

製版印刷　凱林彩印股份有限公司




◎書籍外觀若有破損、缺頁、裝訂錯誤等不完整現象，想要換書、退書或有大量購書需求等，請洽讀者服務專線。


**國家圖書館預行編目 (CIP) 資料**

家事的科學：日本清潔專家教的輕鬆持家術，從生活空間到身體肌膚的打掃、選物法則 / 一之介 著 . -- 初版 . -- 臺北市：創意市集出版 : 家庭傳媒城邦分公司發行， 2019.11
面；　公分 --（好生活 ; 43）
ISBN 978-957-9199-69-8 （平裝）

1. 家政

420　108014424

香港發行所／城邦（香港）出版集團有限公司
香港灣仔駱克道 193 號東超商業中心 1 樓
電話：(852) 2508-6231
傳真：(852) 2578-9337
信箱：hkcite@biznetvigator.com

馬新發行所／城邦（馬新）出版集團
41, Jalan Radin Anum,Bandar Baru Seri Petaling,
57000 Kuala Lumpur,Malaysia.
電話：(603)9057-8822
傳真：(603) 9057-6622
信箱：cite@cite.com.my